POISSONS ET REPTILES

DU

LAC DE TIBÉRIADE

ET DE

QUELQUES AUTRES PARTIES DE LA SYRIE

PAR

LE Dr L. LORTET

DIRECTEUR DU MUSÉUM D'HISTOIRE NATURELLE DE LYON
CHARGÉ D'UNE MISSION SCIENTIFIQUE PAR M. LE MINISTRE DE L'INSTRUCTION PUBLIQUE

Extrait des *Archives du Muséum d'Histoire naturelle de Lyon*, t. III

LYON
HENRI GEORG, ÉDITEUR
LIBRAIRE DE LA FACULTÉ DE MÉDECINE ET DE LA FACULTÉ DE DROIT
65, RUE DE LA RÉPUBLIQUE, 65
MAISONS A GENÈVE & A BALE

POISSONS ET REPTILES

DU

LAC DE TIBÉRIADE

ET DE

QUELQUES AUTRES PARTIES DE LA SYRIE

LYON. — IMPRIMERIE PITRAT AINÉ, RUE GENTIL, 4.

POISSONS ET REPTILES

DU

LAC DE TIBÉRIADE

ET DE

QUELQUES AUTRES PARTIES DE LA SYRIE

PAR

LE Dr L. LORTET

DIRECTEUR DU MUSÉUM D'HISTOIRE NATURELLE DE LYON
CHARGÉ D'UNE MISSION SCIENTIFIQUE PAR M. LE MINISTRE DE L'INSTRUCTION PUBLIQUE

Extrait des *Archives du Muséum d'Histoire naturelle de Lyon*, t. III

LYON
HENRI GEORG, ÉDITEUR
LIBRAIRE DE LA FACULTÉ DE MÉDECINE ET DE LA FACULTÉ DE DROIT
65, RUE DE LA RÉPUBLIQUE, 65
MAISONS A GENÈVE & A BALE

1883

AVANT-PROPOS

Toutes les eaux permanentes de la Syrie et de la Palestine, les mares les moins étendues, les plus petites fontaines et les sources chaudes, souvent fortement salines, fourmillent de poissons variés. Pendant les deux longs voyages exécutés en 1875 et en 1880, j'ai récolté la plupart des formes décrites et figurées dans ce travail. Quelques personnes, cependant, m'ont procuré plusieurs espèces prises dans certaines localités où je n'ai pu suffisamment séjourner.

M. Janowski m'a envoyé celles de Lattakièh, d'Alep et des principaux torrents du pays des Ansariés. Les recherches de ce zélé et courageux naturaliste devaient malheureusement être brusquement interrompues par la mort. Au milieu de ses travaux, il a succombé seul, loin de tout secours, foudroyé en quelques heures par les miasmes redoutables du lac et des marécages, inexplorés avant lui, de la grande plaine d'Antioche.

M. Blanche, consul de France à Tripoli, botaniste d'un rare mérite, a fait pêcher les nombreuses espèces des cours d'eau de la région du Liban située entre Tripoli et les montagnes des Ansariés. M. Savoye, aujourd'hui consul de France à Hamah et à Homs, a récolté les poissons des lacs de Damas, et les frères Liévin de Hamme, ceux de quelques sources des environs de Jéricho, du rivage occidental de la mer Morte et de la vallée inférieure du Jourdain.

Mon ami, M. A. Locard, a joint à ce travail une monographie détaillée des mollusques aquatiques des lacs de Tibériade, de Homs, d'Antioche; MM. Petit, Brun et Schlumberger ont bien voulu étudier avec soin les diatomées et les desmidiées des vases profondes rapportées par nos dragues.

Les planches annexées à ce Mémoire représentent quelques espèces nouvelles et d'autres bien connues qui n'avaient point été figurées d'une façon suffisamment exacte pour permettre d'apprécier la valeur des caractères qui les différencient des formes voisines. Ces dessins ont été complétés par mes esquisses coloriées, faites sur le vivant, d'après les milliers d'individus pris journellement dans les lacs de Tibériade, de Houlèh, de Damas, ou les sources et les ruisseaux que nous rencontrions chemin faisant. Je crois avoir pu fixer ainsi, peut-être plus complètement que mes devanciers, les limites des variations de quelques espèces. Cependant, malgré les savantes et persévérantes recherches du R[d] Tristram, qui a rapporté de Syrie des collections zoologiques remarquables, je suis persuadé que bien des découvertes restent encore à faire dans certaines parties peu explorées où les naturalistes auront la joie de récolter les plus riches moissons.

INTRODUCTION

Le lac de Tibériade était appelé, dans les anciens livres de la Bible, Kinnereth ou mer de Kinaroth ; plus tard, dans le Nouveau Testament, mer de Galilée, lac de Gennézareth, lac de Tibériade. Aujourd'hui les Arabes le désignent sous le nom de Bahr Tabariyàh. Cette magnifique nappe d'eau est située dans la faille profonde, continuation de celle qui forme le Ghôr et la mer Morte. Son niveau, malgré la rapidité du cours du Jourdain inférieur, est encore de 212 mètres au-dessous de la surface de la Méditerranée. Les savants qui accompagnaient, en 1864, M. le duc de Luynes n'ont trouvé pour cette dépression que 189 mètres. Mais pendant les séjours prolongés qu'à deux reprises différentes nous avons fait au bord du lac, l'observation attentive des excellents et nombreux instruments dont nous étions munis nous a démontré que la cote donnée par M. le lieutenant Vignes était probablement trop faible de plusieurs mètres.

Le lac forme aujourd'hui un ovale presque régulier dont le grand axe est directement nord-sud. Sa longueur est de 21 kilomètres, et sa largeur maxima de 9 kilomètres 1/2. La fonte des neiges et les pluies souvent très abondantes pendant la saison hivernale doivent faire considérablement varier son étendue ; mais ces dénivellations, dues aux périodes de sécheresse et d'humidité, sont infiniment moins accusées qu'à la mer Morte dont la surface peut s'élever de plus de 4 mètres au moment des grosses eaux. L'extrémité nord du lac de Tibériade est un peu plus large que celle du sud. Le rivage est parfois taillé à pic, ailleurs il est presque plat et forme des plaines basses et marécageuses comme celle de Gennézareth, au nord-ouest, et celle de el-Batihah, au nord-est. Au nord, à l'endroit où le Jourdain se jette dans le lac, ainsi qu'au point où le fleuve émerge pour parcourir la grande vallée du Ghôr, se trouvent des estuaires et des lagunes vaseuses. A l'ouest, les collines d'el-Hamma et de Hattin séparent le lac des hauteurs de Nazareth et de la vaste plaine d'Esdrelon ; il est borné par les montagnes de Safed, au nord ; à l'est, par les escarpements et le plateau volcanique du Jaulan, encore inexploré, dominé par de grands volcans éteints et par la cime majestueuse du grand Hermon, dont la blanche coupole de neige, lorsqu'elle est enflammée par les rayons du soleil couchant, se réfléchit admirablement dans ce miroir azuré.

Les eaux proviennent presque toutes du Jourdain, qui se jette directement à l'extrémité nord ; à l'ouest, des wadys er-Rubudièh et el-Amoûd, ainsi que des sources nombreuses de la plaine de Gennézareth. A l'est, la côte est beaucoup plus sèche et plus aride : les ruisseaux qui coulent dans les wadys Semâk et Rouzzaniyèh ont seuls une certaine importance. En été, la plupart de ces torrents sont presque taris, tandis qu'en hiver et au printemps, ils sont gonflés par les pluies et charrient, ainsi que le Jourdain, une énorme masse liquide. Le niveau du lac s'élève alors quelquefois de plus de 2 mètres, les eaux deviennent troubles et envahissent toutes les parties basses du rivage. Les grèves sont recouvertes d'un gravier fin, formé de petits fragments de calcaire, de basalte et de silex roulés, polis par le mouvement incessant des vagues, et mêlés à d'innombrables coquilles mortes appartenant aux genres *Neritina*, *Melania*, *Melanopsis*, *Cyrena* et *Unio*.

Le bassin du lac n'est point dû aux érosions du fleuve, mais a été très certainement formé par la rupture nord-sud qui s'est produite dans les couches crétacées formant les montagnes environnantes, au moment où se sont soulevées les puissantes masses volcaniques du Jaulan et les nombreux filons de basalte de la rive occidentale. Ces volcans admirablement conservés datent de la fin de la période tertiaire, peut-être même quelques-uns d'entre eux étaient-ils encore en activité pendant la période quaternaire. Une étude géologique attentive du Jaulan donnerait très certainement à ce point de vue les résultats les plus intéressants.

Sur les collines placées au sud-ouest de Safed, juste à l'altitude de 0 mètre, à une pression barométrique de 76 centimètres, se trouve un plateau couvert de galets et de cailloux roulés indiquant qu'à une époque reculée le lac devait avoir le même niveau que la Méditerranée. Sur le rivage oriental, près du wady Semâk, on voit des escarpements formés par de grands bancs de poudingues pétris de galets, de rognons de silex et de calcédoine veinée. Beaucoup de ces cailloux ont éclaté par suite des brusques changements de température pendant les périodes diurnes et nocturnes, tandis que d'autres, plus compactes et plus résistants, sont restés à peu près régulièrement arrondis. A la base des collines abruptes, nous avons trouvé des silex qui ont été évidemment taillés par une main humaine, et qui doivent dater d'une période préhistorique. Ce fait prouve donc le dépôt relativement récent des conglomérats, et l'écoulement, à une époque peu éloignée de nous de la mer intérieure profonde que formait alors le lac de Tibériade. Les éruptions volcaniques ont dû faire affaisser ou briser le seuil placé au sud du lac, vers le pont de Semâk, et la rupture de cette digue naturelle a précipité dans la grande vallée du Ghôr une énorme masse d'eau, un fleuve puissant qui a raviné profondément les anciens dépôts de la mer Morte et donné à cette grande faille terrestre sa configuration actuelle. Ainsi s'expliquent tout naturellement les hautes terrasses escarpées qui s'élèvent de chaque côté du Jourdain, dans le bas de la vallée du Ghôr, notamment au bord de Jéricho et en face d'es-Salt.

Peu de jours après notre arrivée, nous nous sommes assurés des services de l'une des trois barques qui se trouvent à Tibériade, et d'un équipage d'élite capable de m'aider à exécuter les sondages et les dragages dans le fond du lac ; j'espérais trouver dans ce milieu spécial une faune profonde particulière, ayant peut-être encore conservé quelques-uns des caractères de celle des eaux salées, si le lac avait jadis été en communication directe avec la Méditerranée. Les barques, très primitivement installées, malgré leur peu d'apparence, sont solides, tiennent bien la mer et filent assez rapidement, grâce à leur large voile latine. Il faut toujours néanmoins prendre les plus grandes précautions lorsqu'on navigue sur ce lac perfide, où les tourbillons, d'une rapidité excessive, succèdent tout à coup à un calme plat, et soulèvent, dans l'espace de quelques minutes, des vagues monstrueuses. Les vents redoutables sont surtout ceux du nord-ouest qui se précipitent des hauteurs de Safed, et celui du sud, le Khamsin, qui parcourt avec une violence inouie la grande vallée du Ghôr, pour déboucher sur le lac au pont de Semâk avec une force d'autant plus grande que la vallée est ici très resserrée entre les montagnes élevées qui la bornent à l'est et à l'ouest. Deux fois, pendant nos séjours, nous avons éprouvé les plus vives inquiétudes en nous sentant secoués sans trêve ni merci sur les vagues furieuses, dans ces coquilles de noix qui ne nous inspiraient qu'une médiocre confiance, et dont les mâts et les voiles n'étaient fixés qu'avec des cordes en filasse de palmier. Heureusement que nos marins arabes étaient des plus habiles, car la moindre fausse manœuvre pouvait nous faire chavirer en plein lac. Nous embarquions une telle quantité d'eau que deux hommes suffisaient à peine à l'épuiser avec des seaux en fer. De gros nuages noirs remplis d'électricité s'amoncelaient à l'horizon, le vent qui descendait de la montagne soufflait en tempête, la surface du lac, blanche d'écume, devenait livide dans les parties plus calmes. En fuyant rapidement devant les lames, nous pûmes, après plusieurs heures d'efforts pénibles, regagner sains et saufs les criques abritées de la côte occidentale.

L'eau du lac, ordinairement d'un très beau bleu, est cependant d'une teinte légèrement opalescente, qui fait rapidement perdre de vue la sonde ou la drague, et qui, sous quelques mètres d'eau, permet à peine d'apercevoir les galets du fond. Pendant les orages, j'ai vu souvent ces eaux devenir d'un vert émeraude ou d'un violet foncé. Le soir, elles reflètent admirablement le ciel et sont d'un bleu saphir étincelant. Pendant le jour, on remarque fréquemment des zones diversement colorées qui forment de grandes bandes rectilignes ou courbes dues à des courants ou à des vents légers qui rident la surface et lui font réfracter la lumière d'une façon spéciale. Entre Tibériade et Magdala, j'ai constaté la présence d'un courant très violent qui fait remonter les eaux du lac vers le nord-est. Sa vitesse est telle que, dans l'espace de quelques minutes, les objets flottants sont emportés en plein lac. Un de nos muletiers, excellent nageur, étant allé, à quelques mètres du rivage, chercher une mouette que nous venions de tuer, fut entraîné au loin malgré les plus vigoureux efforts, et ne dut son salut qu'à un rocher sur lequel il parvint à prendre pied, ce qui lui permit d'attendre, à moitié évanoui, les secours que nous pûmes lui porter heureusement à temps.

La profondeur du lac, peu considérable, n'est guère en moyenne que de 50 à 60 mètres; cependant vers le milieu du grand bassin du nord, en face de l'embouchure du Jourdain, j'ai dragué plusieurs fois par des profondeurs de 250 mètres sans que la ligne ait éprouvé une dérive sensible. Ces dépressions du sol, très limitées, paraissent avoir échappé au lieutenant Lynch, lorsqu'il exécuta, en 1848, ses célèbres sondages dans le lac de Tibériade et la mer Morte. Dès qu'on s'est éloigné du rivage de quelques centaines de mètres, le fond est uniformément recouvert d'une couche épaisse d'une vase grisâtre, très fine, due à la désagrégation des roches calcaires, volcaniques et aux dépôts limoneux charriés par le fleuve. Ce sédiment constitue une terre à poterie excellente, ainsi que nous avons pu nous en assurer. Les indigènes ne savent malheureusement pas l'employer, et font venir leurs ustensiles en terre des poteries de Rascheya situées à la base de l'Hermon. La vase du fond renferme un assez grand nombre de mollusques gastéropodes et bivalves, quelquefois de petits vers rougeâtres qui sont très probablement les larves de quelque diptère, un grand nombre de diatomées et de desmidiées microscopiques, mais point d'algues ni de conferves, ce qui m'a vivement surpris.

Les dragues dont nous nous servions étaient des engins exécutés sur le modèle de ceux qu'avaient employés Wyville Thomson pendant les expéditions du *Porcupine*, du *Lightning* et du *Challenger*. Nos recherches se faisaient surtout le matin, lorsque la température n'était point encore très élevée. Une légère brise nous permettait ordinairement de traîner lentement la drague par l'action seule de notre voile latine. Le fond paraît être uniformément vaseux, car jamais nous n'avons accroché nos appareils à des roches dont on ne peut constater la présence que le long du rivage.

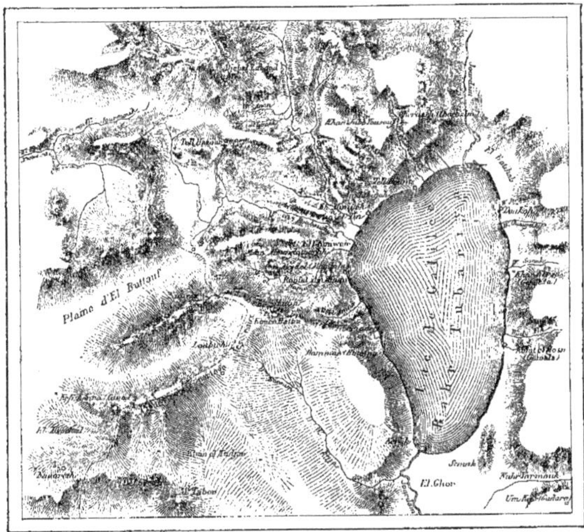

Gravé par Erhard.

Pendant plusieurs jours, nous avons opéré devant la ville, à peu de distance des remparts, espérant que le filet nous ramènerait quelque antiquité. Notre espoir a malheureusement été déçu; dans cet endroit, nous n'avons jamais retiré que des graviers, des fragments de charbon et des myriades de coquilles de pistaches dont les habitants paraissent faire une consommation extraordinaire.

Les poissons dont le lac fourmille, et qui entrent pour une large part dans l'alimentation de Tibériade, sont pêchés par une compagnie de mariniers qui possèdent trois barques dont deux seulement ont le droit de sortir chaque jour à tour de rôle. Le seul filet employé est l'épervier; il est lancé du bateau dans les endroits peu profonds, ou bien le pêcheur descend sur le rivage, entre dans l'eau jusqu'à mi-jambes et jette alors le filet sur les bandes de poissons qui se trouvent autour de lui. Le lac est si peuplé que dans l'espace de quelques minutes, nous avons vu chaque jour notre barque remplie jusqu'au bord; la pêche miraculeuse se renouvelait sans cesse pour nous. Au milieu de ces monceaux de poissons se traînait, comme un véritable serpent, le célèbre *Clarias macracanthus*, que l'historien Flavius Josèphe avait déjà signalé sous le nom de *Coracinus*, et qu'il croyait venir du Nil, grâce à des communications souterraines. Ce silure remarquable atteint souvent plus de 1 mètre de longueur, et lorsqu'on le prend pour le jetter sur le sable, il se met à pousser des cris rauques qui ressemblent aux miaulements d'un chat en colère.

Les espèces du genre *Chromis* sont nombreuses; la plupart incubent leurs œufs gros et verdâtres, et élèvent leurs petits dans l'intérieur de la bouche. On trouve souvent dans la gueule d'un poisson, long de 20 centimètres à peine, plus de deux cents petits d'une couleur argentée qui tombent sur le sable comme des gouttelettes de mercure. Ces alevins restent pendant quelques semaines dans cette singulière demeure protectrice, et n'en sortent que lorsqu'ils sont assez vigoureux pour subvenir à leur nourriture et échapper à leurs nombreux ennemis. Une de ces espèces, le *Chromis Simonis*, a une gueule énorme comparée aux dimensions de son corps, et, au printemps, les joues du mâle sont gonflées par les œufs ou le fretin qu'il transporte toujours avec lui. On ne s'explique pas comment ce tendre père peut saisir une proie quelconque sans avaler quelqu es-uns de ses enfants.

Les poissons du lac de Tibériade, tous très bons à manger, servent de pâture à des myriades de grèbes huppés *(Podiceps cristatus)* et à des pélicans. Fréquemment, les grèbes mangent les yeux des chromis, et d'un seul coup de leur bec long et acéré enlèvent, aussi proprement que le ferait un chirurgien habile, les deux globes oculaires avec la paroi interorbitaire. Ces malheureux poissons aveugles, dont nous avons pris de nombreux exemplaires, ont ainsi la face entièrem ent perforée par un canal sanglant qui se cicatrise rapidement. Ce ne sont que les plus gros individus qui sont ainsi opérés par les grèbes; ne pouvant pas les avaler tout entiers, ces oiseaux voraces ont la précaution de ne prendre qu'un morceau de choix.

Au milieu des roseaux du rivage, on trouve des quantités de gros crabes *(Telephusa fluviatilis)* qui mordent avec une grande vigueur, lorsqu'on les prend sans précautions. Sur le gravier, des myriades de crevettes Orchesties *(Orchestia Tiberiadis)* sautent comme des puces et disparaissent ensuite rapidement entre les cailloux. Des bandes de grèbes nagent à la surface du lac; ces superbes palmipèdes, aux plumes argentées et brillantes, ont une double huppe très gracieuse placée au sommet du crâne. Ils ont le cou long, mince, et un corps allongé qui disparaît presque entièrement sous l'eau comme la coque d'un monitor cuirassé. La tête et le cou restent à peine visibles ce qui rend leur capture extrêmement difficile. Ils ne sont vulnérables qu'à la tête, aussi nous faut-il tirer des centaines de coups de fusils pour en abattre quelques-uns seulement. Notre lourde barque ne nous permet pas de les approcher à une distance convenable. Dès que ces oiseaux sauvages s'aperçoivent que nous sommes à portée de fusil, ils plongent rapidement, nagent entre deux eaux avec une vitesse excessive et ne reviennent à la surface que 200 mètres plus loin. Ils parviennent ainsi à nous distancer avec la plus grande facilité. Les seuls dont nous ayons pu nous rendre maîtres sont ceux que nous avons surpris dans quelque crique de rochers ou au milieu des roseaux. Nous n'avons jamais vu ces beaux oiseaux voler à la surface du lac, ils échappent toujours aux poursuites en nageant avec une grande vitesse, grâce à leurs longs doigts palmés isolément et non réunis par une même membrane comme chez la plupart des palmipèdes. Les grèbes n'apparaissent à Tibériade qu'à la fin de mai et en juin. Pendant l'hiver et au printemps, on n'en trouve que très exceptionnellement. En juin, ils sont évidemment appareillés car on les voit presque toujours nager par couples. Il est probable qu'ils nichent dans les roseaux du rivage, mais malgré nos recherches, nous n'avons pu nous procurer des œufs ou des nids. Les Arabes de Tibériade croient qu'ils nichent et qu'ils pondent au fond de l'eau !

Une autre espèce intéressante, que l'on voit fréquemment sur le lac, est le pélican *(Pelecanus onocrotalus)* qui se tient ordinairement en troupes nombreuses de plusieurs milliers d'individus au nord du lac, près du point où le Jourdain se termine par un estuaire. Ces gros oiseaux forment un cercle de 200 à 300 mètres de diamètre, sur un seul rang d'épaisseur, et ainsi régulièrement disposés et très rapprochés les uns des autres, la tête toujours dirigée vers le centre, se livrent à une pêche active sur les bandes de chromis qui nagent habituellement à peu de profondeur. Ils sont trop sauvages pour se laisser approcher, mais avec la longue-vue nous avons pu souvent examiner leurs manœuvres singulières. Lorsque la pêche a été fructueuse et leur poche cervicale convenablement remplie de poissons, ils se retirent au milieu des roseaux, dans quelque golfe désert, et se livrent alors en paix au travail de la digestion.

Sur les bords, près des ruisseaux, les racines et les pierres sont couvertes de petites tortues *(Emys Caspica)* qui plongent comme des grenouilles au moindre bruit. J'ai aperçu plusieurs fois dans les eaux du lac, marchant rapidement sur la vase du fond, des emys ou de grandes cistudes, longues de près de 40 à 50 centimètres, mais dont je n'ai pu déterminer l'espèce n'ayant jamais pu parvenir à m'en emparer.

Cette tortue atteint probablement une taille considérable, car elle a été prise pour un dauphin par un voyageur anglais[1]. Si nous avions eu à notre disposition de longs filets agencés pour pêcher dans les grands fonds, je suis certain que nous aurions pu faire des captures intéressantes.

Les pierres de la rive sont entièrement couvertes de neritines *(Neritina Jordani)*, de mélanopsides *(Melanopsis præmorsa* et *costata)*. Les mélanies *(Melania tuberculata)*, les cyrènes et les unios ne se trouvent, au contraire, que dans les eaux du fond.

Les mollusques du lac ont été régulièrement pêchés aux profondeurs suivantes :

Neritina Jordani, Butter, sur la plage, sur les graviers et les rochers, jusqu'à une profondeur de 50 mètres.

Melania tuberculata, Müller, toujours dans les eaux profondes, de 100 mètres à 250 mètres.

Melanopsis præmorsa, Linné, sur les pierres, le bois, les feuilles, au bord du rivage dans les sources et ruisseaux des environs du lac.

Melanopsis costata, Olivier, sur la plage, jusqu'à 50 mètres de profondeur. Cette espèce est la plus abondante. A certains endroits, les coquilles vides sont aussi nombreuses que les grains de sable de la grève.

Cyrena fluminalis, Müller, ne se trouve pas sur les bords, mais seulement de 50 à 100 mètres de profondeur.

Unio terminalis, Bourguignat, de 50 à 100 mètres de profondeur.

Unio Tigridis, Bourguignat, de 50 à 100 mètres de profondeur.

Unio Lorteti, Locard, de 50 à 100 mètres de profondeur.

Unio Pietri, Locard, de 50 à 100 mètres de profondeur.

Unio maris-Galilæi, Locard, de 50 à 100 mètres de profondeur.

Dans les grands fonds, c'est-à-dire de 100 mètres à 250 mètres, les *Unio* n'étaient plus vivants ; mais les coquilles ayant perdu leur épiderme, étaient ramollies, friables, converties en craie blanchâtre et semblables aux fossiles de certains gîtes tertiaires du midi de la France. Ce changement moléculaire remarquable me paraît dû surtout aux effets de la pression, car je ne l'ai jamais remarqué sur les spécimens morts, dragués à une petite profondeur.

Presque partout, on voit sur la côte, principalement le long de la plaine de

[1] Weld, *Sacred Palmlands*, London 1881, p. 205.

Gennézareth, de magnifiques touffes de lauriers roses qui poussent entièrement dans l'eau et qui forment d'énormes buissons couverts de myriades de fleurs. Rien n'est beau comme cette ceinture rose qui se reflète sur les eaux bleues, transparentes, et se projette harmonieusement dans l'azur de ce beau ciel.

Dans quelques endroits, on trouve de grands papyrus *(Cyperus Papyrus)*, hauts de plusieurs mètres, paraissant différer un peu de celui d'Égypte.

A Tell-Hoûm (Capernahum) et au wady Semâk, on aperçoit de distance en distance de hauts palmiers qui poussent dans une eau profonde de plusieurs pieds ; il est donc positif que cette rive a dû s'affaisser considérablement depuis quelques années, car il n'est pas admissible que ces arbres aient été plantés dans le lac à 8 ou 10 mètres au moins du rivage actuel.

Pendant notre séjour, la température de l'eau était de 24° au-dessus de zéro, ce qui se comprend facilement à cause de la chaleur intense concentrée dans ce bassin situé à 212 mètres au-dessous du niveau de la Méditerranée. Dans la journée, la température, à l'ombre et au nord, ou celle prise avec le thermomètre tourné en fronde, était presque toujours de 35°. Deux ou trois jours seulement, le Khamsin, ou vent du sud, nous a amené une température de 43°,5 très pénible à supporter à cause de la sécheresse et de l'état électrique de l'air. Les rayons du soleil étaient brûlants sur le lac ; aussi, pendant nos pêches et nos dragages, devions-nous toujours prendre les plus grandes précautions pour éviter les insolations très dangereuses.

La température excessive de cette chaudière, ainsi que les vapeurs qui s'élèvent sans cesse au-dessus du lac, développent sur l'eau les effets de mirage les plus singuliers. Nous apercevions souvent les grèbes doubles, le supérieur, la tête en bas, nageant les pieds en l'air dans un lac fantastique. Quelquefois de grands escarpements nous paraissaient terminer un rivage qui n'avait en réaltié que 2 ou 3 mètres de hauteur.

L'eau du lac de Tibériade est désagréable à boire, à cause de son odeur marécageuse et de son goût fade, quoiqu'elle laisse cependant dans la gorge une saveur légèrement saumâtre. Si le bassin avait communiqué, à une époque géologique récente, avec la Méditerranée, je pouvais espérer rencontrer dans les grandes profondeurs une eau peut-être encore un peu salée, habitée par une faune à facies marin, en voie de se transformer en faune d'eau douce. Mais l'étude des faits m'a montré que mes suppositions n'étaient point exactes. Des grands fonds, nous n'avons jamais retiré qu'une eau parfaitement identique à celle de la surface, et les animaux que nous avons dragués, sont bien des types semblables à ceux que l'on rencontre dans toutes les eaux douces de la région.

Les dépôts laissés par le lac, lorsque son niveau était infiniment supérieur à ce qu'il est à présent, confirment entièrement cette manière de voir puisqu'ils ne renferment ni coquilles ni restes d'animaux marins, mais seulement les débris de ceux qui vivent actuellement dans les eaux non salées.

Les rivages ont dû être habités dès l'antiquité la plus reculée. Nous avons trouvé, en effet, dans les conglomérats du wady Semâk de nombreux silex, grattoirs, couteaux, hachettes grossièrement taillés, semblables à ceux auxquels on a donné le nom de *types du Moustier*. Les instruments en pierre polie paraissent être fort rares dans la contrée. Malgré toutes nos recherches, nous n'avons pu nous en procurer que quelques exemplaires. Ce sont simplement de petites haches ou des herminettes en roches amphiboliques très dures, et semblables, quant à la forme, à celles qui sont si communes dans le Péloponèse et dans l'Attique.

Nous n'avons vu aucun instrument de l'âge du bronze. Je crois que cette période de l'industrie humaine manque absolument à la Syrie proprement dite. Dès qu'ils ont connu le bronze, les Phéniciens lui ont donné une forme artistique plus ou moins grossière, comme en témoignent les statuettes nombreuses trouvées à Beyrouth, à Aradus, à Rhodes et à Chypre. Mais il n'ont point fait de ce métal des instruments de travail comme cela se voit en Asie Mineure et dans l'Europe entière. En Asie Mineure, en effet, à Smyrne, par exemple, on trouve fréquemment des haches en bronze que, malgré nos recherches les plus attentives, nous n'avons jamais rencontrées dans nos longues pérégrinations à travers la Syrie, la Phénicie et la Palestine, depuis Alexandrette jusqu'en Égypte.

Il en est de même des palafittes ou villages construits sur pilotis dont je n'ai pu trouver de traces dans mes minutieuses explorations des rivages du lac de Tibériade.

Dans plusieurs localités, à Hammâm, à Ain et-Tâbigah, des sources sulfureuses chaudes jaillissent à la base des basaltes. Les plus importantes sont celles de Hammâm ou d'Emmaüs situées à une demi-lieue de la ville. Deux bâtiments recouverts de coupoles, aujourd'hui fort délabrés, reçoivent les eaux thermales qui se réunissent dans les piscines destinées aux baigneurs. L'une de ces constructions est entièrement ruinée, la voûte est effondrée, et ce n'est qu'en se traînant au milieu des éboulements intérieurs qu'on arrive à une petite cavité à demi comblée par les décombres, remplie d'eau, et servant de bains gratuits pour les pauvres. Là, quelques malheureux, hommes et femmes, font tremper leurs membres couverts d'ulcères ou de tumeurs blanches, afin de chercher un soulagement à leurs souffrances. Un peu plus au nord, à quelques mètres de distance, se trouve un autre établissement élevé en 1833 par Ibrahim-Pacha. Un vestibule obscur conduit dans une salle voutée, éclairée par en haut, et dont le plafond, soutenu par de petites colonnes en marbre rougeâtre, recouvre un bassin circulaire en marbre blanc dans lequel arrivent les eaux très chaudes. Tout autour, se trouvent des cellules obscures à l'usage des baigneurs; une vapeur épaisse s'élève du réservoir central, obscurcit l'air et permet à peine de respirer.

Les eaux, à l'endroit où elles jaillissent de terre, ont une température de 62°, et ne permettent pas de s'y plonger sans les laisser refroidir pendant plusieurs heures. Sulfureuses et magnésiennes chlorurées, elles sont considérées avec juste raison comme très utiles dans les rhumatismes articulaires chroniques, la lèpre, les différentes manifestations de la syphilis et la plupart des affections cutanées si communes en Orient. Elles jouissent d'une grande réputation en Syrie; aussi, aux mois de juin et de juillet, y vient-on de fort loin pour y faire des cures. Quant à nous, nous ne pûmes rester que quelques minutes à peine dans cette bouilloire où nous manquions étouffer.

Les bombonnes remplies d'eau n'ayant pas supporté le transport à dos de mulets, de Tibériade à Damas, je n'ai pu en faire l'analyse exacte. Mais, d'après les recherches déjà anciennes d'Anderson attaché à l'expédition américaine commandée par le lieutenant Lynch, on peut croire que ces eaux sont très fortement sulfatées, sodiques et magnésiennes. Elles doivent évidemment jouir de propriétés thérapeutiques énergiques, et, bien administrées, elles pourraient rendre les plus grands services aux habitants de la Syrie et des régions voisines.

Les sources sortent à la base du calcaire dolomitique qui forme de hauts escarpements, au milieu des énormes blocs de basalte que l'on rencontre partout à l'entour. Elles sont très mal captées; aussi de véritables torrents d'eau chaude s'échappent-ils des rochers, tout près de l'établissement pour s'écouler dans le lac, sur les graviers du rivage où elles laissent des dépôts blanchâtres et jaunâtres. Dans l'antiquité, au dire de Josèphe, ces bains attiraient déjà de nombreux malades. C'est non loin de là que campait l'empereur Vespasien, lorsqu'il préparait ses expéditions contre les habitants de Gamala et de Tarichée, qu'il parvint à massacrer sur le lac en faisant poursuivre les barques de ces malheureux par des radeaux chargés de soldats romains impitoyables.

En continuant à suivre le sentier qui côtoie au sud le rivage du lac, on passe devant les ruines informes de Kedès, l'ancienne Sennabris; une demi-lieue plus loin, sur le monticule couvert de quelques masures appelées Kérak, et qui paraît marquer l'emplacement de l'ancienne Tarichée détruite par Vespasien et Titus. Du sommet de cette colline, la vue est fort belle; on domine l'extrémité sud du bassin avec l'ouverture de sortie du Jourdain qui est ici large de 30 à 40 mètres. Le sentier coutourne un marécage et conduit en quelques minutes au bord du fleuve, à djesr um-Kanâtir ou pont de Semâk. De l'autre côté, s'élève le misérable village de ce nom, formé d'une trentaine de cabanes très basses, recouvertes de joncs et de roseaux. Au milieu du Jourdain, on voit les ruines d'un pont romain de huit arches, construites en petit appareil et en gros massifs de béton. Ce travail de la décadence doit certainement dater du bas empire. De nombreuses cigognes qui ont élu domicile sur ces piliers sont évidemment très décontenancées de nous voir approcher. Cependant, bientôt rassurées par nos allures pacifiques, elles se perchent immobiles sur ces vieilles piles, et, en signe de satisfaction, font claquer rapidement leurs fortes mandibules l'une contre l'autre.

A l'ouest, de hauts escarpements entourent le wady Besoûm, tandis qu'au sud s'ouvre la large vallée du Ghôr, en partie cultivée, marécageuse par places, s'étendant à perte de vue dans la direction de la mer Morte. Le Jourdain a ici quatre ou cinq pieds de profondeur; claires et limpides, ses eaux coulent rapidement au milieu des ruines du pont. Entre les pierres, on aperçoit de gros poissons qui sont les mêmes que ceux du lac.

Dans les escarpements qui s'élèvent non loin du rivage occidental, se voient les ouvertures de grottes nombreuses. Quelques personnes ont prétendu que ces cavités servaient de sépulture, mais nous ne le pensons pas. L'une d'elles que nous examinions depuis plusieurs jours à l'aide d'une longue vue, a une entrée très basse placée à l'extrémité d'une petite corniche vertigineuse. Lorsque nous y pénétrons, nous sommes fort désappointés d'arriver contre une muraille qui ferme l'étroit passage. Par nos cris répétés, nous attirons l'attention de nos moukres qui accourent bientôt avec des pioches et nous aident à abattre l'obstacle. Lorsque la brèche est suffisante, nous pouvons avancer dans un sombre corridor, puis dans une grotte immense qui se prolonge à 250 mètres dans le flanc de la montagne en donnant naissance, à droite et à gauche, à des galeries latérales nombreuses. Le sol est couvert d'un amoncellement d'ossements de chameaux, d'ânes, de chevaux, de chèvres, de moutons, de chiens, de porcs-épics, etc. Il y a là des milliers de crânes, d'os des membres, et des squelettes presque entiers de gros animaux. Nous sommes au milieu d'un charnier des plus fantastiques, et il est difficile de comprendre comment les bêtes féroces ont pu traîner ces restes à une pareille hauteur, au milieu des rochers et des précipices. Ce spectacle nous explique parfaitement comment se sont formés, dans certains cas, les dépôts à ossements dans les brèches et les cavernes des époques géologiques plus anciennes. Nous pouvons faire, sans aucune peine, une récolte superbe pour la galerie d'anatomie comparée de Lyon.

Le sol est couvert d'excréments des chacals et des hyènes qui ont rempli cette vaste demeure du produit de leurs rapines. Les excréments des hyènes formés surtout par du phosphate et du carbonate de chaux sont très résistants, d'une nature presque pierreuse et pourront être transformés par suite de l'influence des années en véritables coprolites fossiles. Les hyènes doivent être très nombreuses dans ce repaire; sur les rochers en saillie, on voit très distinctement les traces de leurs griffes qu'elles ont l'habitude d'aiguiser fréquemment. Nous ne pouvons arriver à l'extrémité de la grotte, car à une certaine profondeur, mille galeries fort basses, entre-croisées dans tous les sens ne permettent plus d'avancer. Il est probable que cette vaste caverne communique avec le sommet de la montagne par quelques fentes de rochers servant de passage aux fauves qui viennent y traîner les carcasses des animaux morts.

Le sol est formé par un terreau rougeâtre dans lequel nous espérions rencontrer des ossements de races éteintes et des vestiges de l'homme préhistorique. Malheureusement toutes nos recherches et nos fouilles ont été infructueuses. Au fond des galeries surbaissées dans lesquelles nous ne pouvions pénétrer qu'en rampant, nous avons trouvé seulement de nombreux débris de poteries modernes, apportées là on ne sait dans quel but ni à quelle époque.

L'ouverture de cette grotte est placée à 50 mètres de hauteur au-dessus du lac. Les habitants de la contrée nous ont appris plus tard que le couloir en avait été muré pour empêcher les loups de s'y établir et de ravager les troupeaux des environs. Plusieurs autres grottes voisines, beaucoup moins vastes, ne nous ont rien offert d'intéressant. Toutes renferment des squelettes d'animaux, mais aucune ne nous a paru avoir servi aux ensevelissements humains. Elles sont creusées dans les couches à peu près horizontales du calcaire crétacé.

Quelques jours plus tard, nous partions pour explorer les grottes d'Arbèle, situées entre le plateau de Hattin et le misérable hameau de Magdala, près des bords du lac. La plaine de Hattin, très élevée au-dessus de la ville de Tibériade, n'est cependant qu'à 10 mètres au-dessus de la Méditerranée. Elle est aride, sans arbres, mais couverte de chardons et de hautes herbes. Des myriades d'ombellifères, de composées à fleurs blanches, de centaurées couvrent la plaine et sont habitées par des insectes superbes. Ce plateau, formé par une terre basaltique d'un rouge noirâtre, est dominé au nord par les Cornes de Hattin, à la base desquelles se trouve le petit village du même nom entouré d'une forêt de gros oliviers. On redescend ensuite, au nord-est, au fond du wady Hammâm ou vallon des pigeons, dans lequel coule un petit ruisseau couvert d'un fourré impénétrable de lauriers roses et d'agnus-castus. A chaque pas, le sentier disparaît au milieu des rochers éboulés et nous oblige à passer dans le lit même du torrent, où les pas de nos chevaux font fuir des multitudes de petites tortues aquatiques *(Emys Caspica)*. Le ravin devient de plus en plus étroit, et dans cette faille profonde, le soleil brûle péniblement le visage et les mains. A droite et à gauche, les montagnes dominées par de hauts escarpements ont leurs sommets de niveau avec la plaine de Hattin, quoiqu'ils aient près de 400 mètres d'élévation. Ces abruptes calcaires sont percés de milliers de grottes servant de repaires à des quantités prodigieuses d'oiseaux de proie, d'aigles, de vautours dont nous parvenons à tuer quelques-uns à force de coups de fusils et de carabine. A chaque détonation, des bandes de pigeons *(Columba Schimperi)* s'échappent en tourbillonnant des cavités du rocher. Un aigle superbe se tenait immobile à l'entrée d'une caverne à plus de 800 mètres de distance. Il avait une taille énorme et nous regardait dédaigneusement sans paraître s'émouvoir de notre fusillade. Cependant, lorsque les balles de la carabine Martini eurent fait voler les éclats du rocher à quelques centimètres de lui, le noble animal, déployant tout à coup ses ailes gigantesques, s'éleva majestueusement dans les airs en décrivant de grandes courbes au-dessus de nos têtes.

En bas du wady, on aperçoit sur la paroi de droite les vastes grottes formées par des murailles, et connues sous le nom de Kalâat Ibn-Maân. On escalade avec peine le talus rapide formé par les éboulements de la montagne; il est haut de 250 mètres environ, très raide, formé de débris roulants sur lesquels on se tient difficilement en équilibre, et recouvert de gigantesques chardons et de plantes de fenouil qui ont au moins dix pieds de hauteur. Il faut faire les plus violents efforts pour se frayer un passage au milieu de cette forêt herbacée, et l'escalade devient d'autant plus pénible que le soleil est impitoyable sur ce plan incliné. Après trois quarts d'heure d'une gymnastique difficile, on arrive au niveau des grottes. A la plus grande d'entre elles, aboutit une rampe d'escaliers en partie construite, à moitié creusée dans le rocher. Une porte basse taillée dans une épaisse muraille, et un long couloir de vingt mètres au moins, ogival, voûté en pierres appareillées avec beaucoup de soin, conduit à l'ouverture de la grotte principale. L'entrée en est protégée par un véritable rempart très épais, très solide, formée de belles assises alternativement blanches et noires. Les pierres blanches sont calcaires, les noires ont été prises dans les couches basaltiques.

Au milieu de cette muraille, deux lions sans crinières sont tournés face à face et posent une de leurs pattes de devant sur une sphère. Cette vaste grotte, rendue artificiellement presque carrée, a 40 mètres dans tous les sens et au moins 20 mètres de hauteur. Dans un des angles, une ouverture livre passage à un petit escalier construit en colimaçon, écroulé à la base, mais dont une partie, restée suspendue à la voûte est exécutée avec beaucoup d'élégance et de hardiesse. Cet escalier conduit aux chambres supérieures. En escaladant le rempart à moitié éboulé qui ferme la cavité du côté du ravin, on arrive à un premier étage formé par toute une série de cavernes communiquant les unes avec les autres par des ouvertures, des corridors, des galeries tantôt bâties sur les corniches, tantôt creusées en pleine montagne. De vastes citernes, encore admirablement cimentées recevaient les eaux nécessaires à la garnison. Un couloir incliné, ogival, pourvu de portes dont les chambranles sont encore visibles, admirablement voûté, conduit à un second et à un troisième étage présentant aussi toute une enfilade de vastes cavités ouvrant les unes dans les autres. A la partie supérieure, tout cet ensemble de constructions est terminé par un rempart fortifié de tours arrondies, bâties contre le rocher en belles pierres alternativement blanches et noires, et terminées par des terrasses qui devaient être garnies de parapets crénelés.

De ce point très élevé, la vue est splendide sur l'extrémité nord du lac de Tibériade, sur les montagnes de Safed et sur la plaine de Gennézareth admirablement découpée par de petits golfes où les vagues bleues viennent déposer leur écume blanche. En face, sur la paroi nord de la vallée, dans le flanc d'une autre montagne, semblable à celle sur laquelle nous nous trouvons, on voit d'autres grottes que nous avons également explorées avec soin ; elles sont moins profondes et n'ont pas dû être habitées. Ce sont tout simplement des excavations qui se sont produites naturellement à la suite d'une rupture spéciale des couches crétacées en une multitude de petits polyèdres irréguliers se détachant avec facilité les uns des autres. Ces cavernes, ainsi que celles de la paroi sud, sont habitées par les vautours et les pigeons qui viennent y nicher en toute sécurité.

Les grottes construites dont nous venons de parler plus haut, sont évidemment celles que mentionne l'historien Josèphe dans plusieurs passages de ses *Histoires*, de ses *Antiquités judaïques* et de son *Autobiographie*. Habitées probablement dès la plus haute antiquité, elles ont joué un rôle important pendant les guerres continuelles qui ravagèrent ce beau pays, depuis les époques les plus reculées jusqu'aux Croisades. Ces cavernes sont célèbres par le siège remarquable que des bandes de brigands y soutinrent contre les armées d'Hérode qui, après plusieurs tentatives infructueuses, ne savait comment mener à bonne fin son entreprise. Enfin, le roi imagina un plan dont l'exécution présentait beaucoup de dangers. Au moyen de fortes chaînes de fer on fit descendre jusqu'à l'entrée des cavernes, dans des coffres solides, les plus valeureux des soldats. Ceux-ci tuaient les brigands et lançaient des fascines enflammées dans les parties où les traits ne pouvaient pénétrer. Le roi qui désirait cependant sauver quelques-uns de ces malheureux fit annoncer que ceux qui voudraient avoir la vie sauve pouvaient venir le trouver sans crainte. Nul d'entre eux ne voulut s'y résoudre, la mort leur paraissant plus douce que l'esclavage, aussi tous ceux qui furent pris se tuèrent-ils de leurs propres mains. Un vieillard, que sa femme et ses enfants priaient de leur permettre d'échapper à cette boucherie, se mit à l'entrée de la grotte, ordonna aux siens de sortir et les tuait à mesure qu'ils s'avançaient. Hérode, touché de ce spectacle, faisait des signes au père barbare afin de l'engager à avoir compassion de ses propres enfants; mais le vieillard, au lieu de s'attendrir, accabla le roi d'injures, tua sa femme après avoir massacré tous ses fils, jeta leur corps en bas du rocher et se précipita ensuite dans l'abîme. Plus tard, Josèphe lui-même, au moment de l'invasion romaine, fortifia ces repaires et les fit occuper par une garnison. La coupe ogivale de certaines portes et de quelques couloirs, ainsi que les lions qui surmontent une des entrées, prouvent que cette forteresse, peut-être unique en son genre, a été restaurée à l'époque des Croisades probablement par Saladin. Ce point stratégique était important puisque le sauvage ravin de Hammâm servait et sert encore aujourd'hui de grande route pour le transit qui se fait entre Haifa, Nazareth et Damas.

Les cavernes d'Arbèle, à présent inhabitées, sont le rendez-vous de tous les pigeons et de tous les oiseaux de proie de la contrée. Les coups de fusils que les échos répètent comme des détonations d'artillerie font partir des cavités profondes aigles et vautours qui se laissent tomber comme des flèches dans le fond de la vallée pour s'élever bientôt à une grande hauteur en décrivant des cercles immenses au-dessus de nos têtes. Dans quelques-unes de ces grottes les oiseaux sont si nombreux que leur fiente forme des masses de plusieurs mètres de hauteur. La grande chambre inférieure est à moitié remplie du fumier que les chèvres et les moutons y laissent à certaines époques de l'année.

Lorsqu'on redescend directement dans le ravin, il faut se débattre péniblement au milieu des rochers, des férules gigantesques et des grands alceas *(Alcea ficifolia)* dont les tiges élancées sont couvertes de grandes fleurs roses. Sur ces herbes se tiennent cramponnés d'énormes caméléons que je n'ai vus nulle part ailleurs atteindre une taille aussi considérable.

En traversant rapidement l'extrémité de la plaine de Gennézareth, des champs de blé et d'immenses espaces abandonnés sans culture, couverts de *Zizyphus Spina-Christi* et d'autres plantes épineuses, en moins d'une heure, on atteint le village de Megdel, le Magdala des Évangiles. C'est aujourd'hui une misérable petite bourgade de quelques maisons seulement, protégée par des haies d'épines sèches, et disparaissant presque entièrement au milieu des chardons de la plaine. Quelques jardins potagers entourent le hameau, et sur les bords du lac, un grand ziziphus qui ombrage la tombe d'un saint musulman porte, suspendues à ses branches garnies d'aiguillons acérés, une quantité de guenilles de toutes les couleurs, signe de sainteté et de vénération. La température est toujours très élevée à Magdala; aussi les maisons sont-elles surmontées de huttes en roseaux disposées à claires-voies, destinées à servir de refuge pendant les nuits étouffantes de l'été. Un unique dattier se dresse fièrement au milieu du village, et on ne peut se demander sans tristesse pourquoi il est seul aujourd'hui, dans cette contrée presque déserte, une des plus fertiles cependant de la Syrie.

De Megdel à Tibériade, le sentier passe dans les rochers et les broussailles, à une certaine hauteur au-dessus du lac dont le rivage décrit ici les courbes les plus élégantes. De distance en distance, de gros blocs de basalte forment des rochers rouges qui tranchent vivement sur les eaux bleues.

Au nord de Magdala, dans la plaine de Gennézareth, à la base des premiers contre-forts des montagnes, se trouve un superbe bassin antique dans le fond duquel jaillit une puissante source d'eau vive. C'est Ain-el-Moundawarah, la fontaine ronde, qui a été le sujet de controverses entre plusieurs archéologues et voyageurs, et qui a été regardée par de Saulcy comme la source de Capérnahum. Elle est entourée d'un mur circulaire de 35 mètres de diamètre et sa profondeur est de 3 à 5 pieds. L'eau claire, très agréable au goût, jaillit entre les blocs éboulés à l'ouest du bassin et s'écoule par une ouverture pour former bientôt un petit torrent qui arrose la plaine environnante. D'épaisses touffes de lauriers roses, de zizyphus, d'agnus-castus entourent ce réservoir où l'on voit nager de nombreux poissons dont nous avons eu beaucoup de peine à nous emparer; ce sont les mêmes espèces que l'on trouve dans le lac: *Chromis microstomus*, *Chromis Flavii-Josephi*, *Hemichromis sacra*, *Barbus canis*, et le fameux *Clarias macracanthus*, ou *Coracinus* de Flavius Josèphe d'une taille considérable, dépassant souvent 1 mètre, et qui se cache au milieu des herbes, dans la vase et entre les pierres.

Les murs du bassin sont chargés des coquilles de mélanopsides ; dans les hautes herbes fleuries, chantent des myriades de cailles, de perdrix *(Perdrix Chukkar)* et des francolins.

A l'extrémité nord de la plaine de Gennézareth, se voient les ruines de Khan Minyèh ne consistant plus qu'en murailles écroulées formées d'assises blanches et noires. Des champs de blé s'étendent tout autour, et de distance en distance, s'élèvent des groupes arrondis de zizyphus épineux.

Le sentier qui ramène à Tibériade suit parfois le sable du rivage ou s'enfonce au milieu des broussailles de la plaine. Ce sont partout d'énormes fourrés d'oléander, formant des touffes gigantesques d'un rose admirable; des zizyphus, des agnus-castus *(Vitex agnus-castus)*, des joncs, des roseaux *(Arundo donax)*, un fouillis indescriptible d'arbrisseaux, d'épines et de fleurs de toute beauté. Du milieu de cette forêt vierge en miniature s'échappent sans cesse des milliers de perdrix rouges, de tourterelles, de hérons et d'oiseaux d'eau. De jolis petits échassiers au plumage argenté *(Tringoïdes hypoleucos* et *Totanus stagnalis)* courent sur le sable du rivage après les crabes et les crevettes. Les tourterelles *(Turtur Senegalensis)* se trouvent là en nombre réellement prodigieux. A chaque pas, elles se lèvent par centaines et quelquefois se touchent toutes sur les arbres où elles vont se percher. Mais toujours craintives et farouches, elles ne se laissent approcher qu'avec les plus grandes difficultés.

La plaine de Gennézareth est formée par des alluvions d'un noir rougeâtre, très profondes et très riches en humus ; aussi, dans l'antiquité, était-elle couverte d'arbres et de cultures variées. Cette magnifique contrée, connue jadis sous le nom de pays de Gennésar, et aujourd'hui sous celui d'el-Ghouweir, le petit Ghôr, était un véritable paradis terrestre à cause de la fertilité du sol et de la douceur du climat. A présent, quelques parties seulement sont cultivées en blé par les arabes Ghawarinèhs qui campent sous des tentes tissées en poils de chèvres, et qui font paître leurs nombreux moutons et leurs petites vaches maigres au milieu des broussailles et des rochers. Les moutons, à large queue, sont ordinairement noirs et blancs, les chèvres *(Capra membrica)* noires avec de larges et longues oreilles jaunes, tigrées de taches blanches. Les bœufs, noirs aussi, très petits, à cornes peu développées sont évidemment les descendants directs de l'antique race nommée *Bos brachyceros* par M. Rutimeyer. Ces animaux très peu musclés servent néanmoins à labourer superficiellement le sol. Leur lait, toujours en très petite quantité, est fort recherché par les Arabes qui n'utilisent cependant jamais leur viande, car ils se nourrissent exclusivement de la chair des moutons et d'aliments végétaux.

La plaine d'el-Ghouweir s'étend depuis Magdala jusqu'à Khan Minyèh, et depuis le lac jusqu'aux montagnes d'el-Mughar, de Mansourah et de Safed. Elle est traversée par de nombreux cours d'eau qui lui conservent en été une humidité convenable, et qui permettraient les cultures les plus variées et les plus productives.

En deux heures et demie, lorsque le vent est favorable, on peut traverser le lac et atteindre, juste en face de Tibériade, le profond wady Semâk. Près du rivage, se trouvent quelques ruines et un très beau térébinthe *(Pistacia Palestina)* dont le tronc a près de 1 mètre de diamètre. Entre le lac et les escarpements qui forment les parois du wady, s'étend une plaine inculte, couverte de graminées, d'une multitude de belles fleurs, d'asperges épineuses et d'innombrables chardons. De gros zizyphus, portant tous beaucoup de nids de tourterelles, élèvent de tous les côtés leurs têtes sphériques d'un beau vert. A l'est, cette région est bornée par des montagnes dont la base est formée de conglomérats qui paraissent assez récents et qui renferment un grand nombre de silex très bien taillés en couteaux et en grattoirs. Ces conglomérats prouvent que, pendant les époques géologiques passées, le lac avait un niveau infiniment plus élevé. Dans la petite plaine qui s'étend entre le rivage et les escarpements, on trouve des quantités de galets roulés souvent de la grosseur de la tête, formés par une calcédoine rougeâtre élégamment veinée et d'une très grande dureté.

Les sommets des premiers contreforts de ces collines servent de campements aux nomades appelés Manadri ou Dia, qui jouissent d'une mauvaise réputation. Aussi n'est-il pas prudent de s'éloigner de la barque sans se faire accompagner par une partie de l'équipage. Au bord du ruisseau, on trouve des râles de genets *(Crex pratensis)* absolument semblables à ceux de nos pays. De splendides buprestes, les uns d'un vert émeraude *(Psiloptera catenulata)*, les autres d'un gris argenté *(Capnodis porosa)* voltigent aussi en grande quantité autour des buissons.

Du wady Semâk, on peut suivre en barque la côte boisée, couverte de hautes herbes, mais presque déserte à cette époque de l'année. De temps en temps seulement on aperçoit de rares Bédouins qui semblent se cacher dans les fourrés ; ou bien quelquefois, derrière les replis du terrain, de légers nuages d'une fumée bleuâtre indiquent la présence des campements de nomades. Tout le long de cette rive, de gros palmiers plantés loin du bord poussent dans une eau souvent profonde de plus de 1 mètre. Il est donc positif que depuis peu d'années le terrain a dû s'affaisser considérablement, car il n'est pas admissible que ces dattiers aient été plantés dans le lac.

A l'endroit appelé Kefr Aheb, on voit sur un petit monticule quelques misérables cabanes en pierres, habitées, l'hiver seulement, par les nomades du voisinage. Ces pauvres huttes sont actuellement ensevelies sous une forêt de chardons qui rend la marche absolument impossible. Lorsqu'on persiste à passer dans de pareils fourrés, après quelques minutes, les jambes et les cuisses sont douloureusement ensanglantées. Cette localité est nommée Doukàh sur certaines cartes; on y voit des colonnes de basalte encore ornées de leurs chapiteaux doriques. La plaine ondulée qui s'étend jusqu'aux escarpements est des plus agréables à la vue ; elle est verdoyante, couverte de fleurs et de zizyphus qui atteignent sur cette côte orientale une grosseur énorme. Plus au nord, le rivage devient marécageux et ressemble à une prairie couverte de joncs et de roseaux. La végétation arborescente, toujours très belle, est formée surtout de palmiers, de térébinthes, de gros chênes verts, et tout à fait sur le bord de l'eau, d'énormes touffes de lauriers roses couverts de myriades de fleurs qui rappellent que l'on est en Orient et non au bord d'un lac de la Savoie. Cette plaine, connue sous le nom d'el-Batihâh, ressemble beaucoup à celle de Gennézareth ; elle est occupée par les Ghawarinèhs qui y cultivent le blé, l'orge, le millet, le maïs et le riz. Ces Arabes possèdent de grands troupeaux du petit bétail noir commun dans toute la Syrie, et beaucoup de buffles qui passent une partie de la journée à se vautrer dans la fange des ruisseaux et des mares. Sur le lac, des troupes de pélicans sont occupées à pêcher leur pâture journalière. A l'extrémité nord, l'embouchure du Jourdain forme un estuaire rempli de vase et de roseaux au milieu desquels se promènent des buffles et des myriades d'oiseaux aquatiques variables suivant les saisons.

Lorsqu'on se dirige vers l'ouest, on suit la côte rocailleuse, accidentée, découpée par mille baies élégantes. Les rochers sont couverts d'une riche végétation de zizyphus, de vitex agnus-castus, de lauriers roses, au milieu desquels se dressent çà et là quelques gros dattiers. A Tell-Houm, qui est regardé par certains voyageurs comme l'emplacement de Capernahum, on voit les restes d'une synagogue et d'autres constructions antiques en grosses pierres noires ensevelies sous une végétation herbacée luxuriante. Il est quelquefois impossible d'explorer ces ruines intéressantes à cause des chardons qui sont, au printemps, tout à fait impénétrables. Des lauriers roses, des palmiers croissent sur la rive; de grandes tortues nagent au fond des eaux limpides et transparentes. Dans les champs, de nombreux Bédouins qui viennent de moissonner sont très affairés à transporter les blés auprès de leurs tentes ou de leurs huttes de branchages.

Après une demi-heure de navigation, en suivant toujours de très près cette côte charmante, on arrive à Ain et-Tabigâh, véritable torrent d'une eau chaude et sulfureuse, à 32°, qui s'échappe d'une tour arrondie pour se précipiter en bouillonnant dans le lac. Un système d'aqueducs amenait ce ruisseau à trois moulins dont un seul fonctionne actuellement. Les sources sont d'abord recueillies dans un grand bassin circulaire, de près de 10 mètres de profondeur, dans lequel aujourd'hui, à cause des crevasses qui laissent échapper l'eau de toute part, il n'y a guère que 2 mètres de liquide. Dans ce réservoir, jouent une multitude de poissons appartenant tous aux espèces de *Chromis* que l'on trouve dans le lac. Le rivage est aussi des plus peuplés, principalement par le *Chromis Simonis* dont les mâles sont tous occupés, à cette époque de l'année, à incuber les œufs et le fretin. Autour de la source, au milieu des ruines, croissent de grands roseaux, des capriers chargés de fleurs, des solidages roses *(Conyza Dioscoridis)*. Les pierres sont chargées de coquilles nacrées du *Melanopsis præmorsa*, et des crabes énormes *(Telephusa fluviatilis)* courent entre les pierres et les touffes des joncs.

Une demi-heure après, en continuant à naviguer au sud, on contourne un promontoire rocheux escarpé, derrière lequel se voit la belle fontaine, Ain et-Tin, la source du figuier, qui est très certainement la Bethsaida des Évangiles. L'eau limpide, fraîche et douce jaillit au pied d'un rocher à pic contre lequel poussent plusieurs grands figuiers sauvages. Dans la colline, au-dessus d'Ain et-Tin, on a creusé un canal large de 1 mètre, profond de 50 centimètres, qui devait amener à la plaine de Gennézareth une partie des eaux de la source Ain et-Tabigâh. Le bassin d'Ain et-Tin est entouré d'une impénétrable prairie d'agnus-castus et de hauts papyrus *(Cyperus papyrus)* dont les ombelles élégantes et fines forment le plus beau rideau de verdure qu'il soit possible de voir. La source n'est séparée du lac que par un petit monticule de sable haut de quelques pouces à peine. Au moment des grandes eaux, le lac communique facilement avec le réservoir de la source dans lequel on peut pêcher les *Chromis*, les *Barbus* et surtout le *Clarias macracanthus* qui aime à se cacher au milieu des racines enchevêtrées des papyrus.

La vallée du Jourdain possède un troisième lac, le Bahr el-Houlèh, appelé anciennement *Eaux de Mérom*, placé dans la vallée du Ghôr, à 18 kilomètres environ de l'extrémité nord du lac de Tibériade. En été et à la fin du printemps, la température est toujours très élevée dans cette profonde fissure terrestre; aussi, au lieu de suivre le cours du fleuve pour se rendre au lac Houlèh, on préfère généralement y descendre de Safed ou de Hoûnin. De cette dernière localité, un sentier qui se dirige au sud-est permet d'atteindre rapidement le bas de l'escarpement sur lequel se dressent les ruines pittoresques d'un ancien château fort des Croisades. On arrive bientôt au fond de la vallée du Ghôr divisée par d'innombrables champs de blé séparés par des espaces en friche qui lui donnent, de loin, l'apparence d'un gigantesque damier. La terre, d'un noir rougeâtre, est profonde et très fertile. De nombreux campements d'arabes Ghawarinèhs s'élèvent çà et là entourés de bandes de chameaux, de moutons et de buffles. Les troupeaux de moutons ont ordinairement à leur tête un grand bélier plus robuste que les autres, harnaché comme un chameau et servant de monture au berger.

La plaine est rendue très humide par des sources nombreuses qui jaillissent partout à la surface du sol. De gros térébinthes *(Pistacia Palestina)* sont couverts d'oiseaux de toutes sortes parmi lesquels dominent les *Euspiza melanocephala* dont le chant est des plus agréables, les colombes, les tourterelles *(Turtur auritus* et *Turtur Senegalensis)*.

Les tentes des Ghawarinèhs sont quelquefois remplacées par des huttes allongées couvertes en chaumes de joncées et servant d'habitations à quelques familles sédentaires. Près du lac, la végétation devient merveilleuse, les chardons gigantesques

(Notobasis Syriaca) sont superbes, et au milieu de leurs grosses fleurs violettes, les cétoines étincelantes *(Cetonia floricola)* forment de véritables grappes de pierreries.

Plus au sud, on rencontre une jolie source, Ain-Mellâhah, qui remplit un grand bassin circulaire où nagent des poissons argentés *(Capœta Damascina)* et de gracieux et minuscules cyprinodontes *(Cyprinodon dispar)*. Ce ruisseau fait tourner, un peu plus bas, une roue d'un moulin renfermée dans une vieille ruine de forme cubique. En escaladant un monticule, au-dessus des grottes sépulcrales qui se montrent dans le flanc de la montagne, on jouit d'une vue superbe sur le lac Houlèh, que l'on domine d'une extrémité à l'autre.

A une petite distance, commence un véritable marécage entrecoupé de ruisseaux remplis d'une eau profonde et courante. Des Bédouins campent néanmoins sur ce sol humide et noirâtre. Le rivage, dont il est difficile de s'approcher, est formé par un grand nombre de petits îlots couverts de roseaux très élevés et de magnifiques touffes de papyrus hautes de 3 à 4 mètres. Il est dangereux de s'aventurer, sans prendre les plus grandes précautions, sur ces bords perfides soutenus au-dessus d'une eau profonde par les rhizomes des papyrus qui s'étendent horizontalement à une grande distance. Sur ces prairies mobiles, on est exposé à prendre un bain toujours fort désagréable au milieu de ces racines qui vous enlacent de mille liens. Les papyrus, ici encore plus beaux que ceux de l'embouchure du Jourdain et de la fontaine Ain et-Tin, forment d'admirables groupes couronnées de gracieuses ombelles que la moindre brise met en mouvement.

Ce joli lac Houlèh est la limite orientale de l'aire de dispersion de cette remarquable cypéracée africaine qui se trouve encore en Syrie dans les environs de Jaffa, en Sicile, à Syracuse et à Palerme où cette plante a été très probablement importée par les Grecs ou les Romains. En Asie, elle ne se voit nulle part ailleurs au delà du lac Houlèh. Ce fait de géographie botanique est intéressant à signaler, car il concorde en tous points avec ceux que fournit la zoologie. La faune de la Syrie méridionale est bien plutôt africaine qu'asiatique. Les *Chromis*, si nombreux dans les lacs de Houlèh et de Tibériade sont des poissons africains qui paraissent avoir accompagné dans leurs migrations vers l'est les papyrus de la vallée du Nil, ainsi que les crocodiles que l'on trouve dans le fleuve Zerka, près de Césarée, au pied du mont Carmel. Les *Chromis* se rencontrent encore dans le bassin de Damas ; mais, ainsi que les papyrus, ils font absolument défaut à celui de l'Oronte, du Tigre et de l'Euphrate, qui présentent cependant des conditions climatériques presque semblables.

Sur les bords du lac Houlèh, l'eau est très transparente ; aussi voit-on admirablement bien les milliers de poissons qui s'agitent presque à la surface, entre les larges feuilles des nénuphars *(Nuphar lutea)* et des nymphéas *(Nymphœa alba)*.

Les Bédouins, nus jusqu'à la ceinture, se chargent de lancer notre épervier et le retirent chaque fois rempli de superbes poissons, surtout d'énormes *Chromis*. Sur les eaux du lac rapidement profondes lorsqu'on s'éloigne du rivage, nagent des pélicans, des canards et une grande quantité de grèbes superbes.

Malheureusement on est très tourmenté par des myriades de moustiques qui se multiplient d'une façon effroyable dans cette vallée chaude et humide.

Le lac Houlèh, dont l'étendue est variable suivant les saisons de l'année, était appelé *Eaux de Mérom*, dans la Bible, et lac Samachonitis par l'historien Josèphe. Le bassin central qui renferme beaucoup d'eau, même pendant les chaleurs de l'été et de l'automne, représente un triangle dont la base serait au nord, le sommet au sud. Il a de 5 à 6 kilomètres de long et de large pendant la période des basses eaux. En hiver et au printemps, au contraire, il déborde souvent à une grande distance. Sa profondeur est presque partout de 9 à 10 mètres. L'eau en est très limpide, mais malsaine, à cause des détritus organiques nombreux qu'elle renferme. D'épaisses forêts de roseaux et des papyrus appelés *Babir* par les Arabes l'entourent d'une haute muraille, tandis que les nénuphars et les nymphœas forment à sa surface de grands tapis d'un beau vert sur lesquels courent des myriades de hérons. Les tiges de toutes ces plantes aquatiques sont entièrement couvertes par les coquilles des *Melanopsis costata* et *Neritina Jordani;* dans le Bahr el-Houlèh nous avons pêché presque toutes les espèces de poissons qui se trouvent dans le lac de Tibériade.

L'exploration de cette belle nappe d'eau est très laborieuse à cause des difficultés que présentent les prairies tourbeuses qui l'entourent. Un Anglais cependant, M. Mac Gregor, l'a parcouru dans tous les sens, il y a quelques années. Monté sur une yole légère il a pu naviguer dans une multitude de canaux serpentant au milieu des forêts de papyrus, et dresser une carte exacte de l'ensemble de ce bassin[1].

Les Ghawarinèhs de la plaine du Houlèh présentent des caractères anthropologiques tout à fait particuliers ; ils sont grands, avec une charpente osseuse très développée, et une peau foncée qui a presque la couleur du chocolat. Ils forment plusieurs petites tribus tantôt sédentaires, quelquefois nomades. Malgré les fièvres redoutables qu'engendrent les vases de ce grand marécage, la plupart des hommes sont beaux et vigoureux. Pour se préserver des moustiques qui forment nuit et jour d'épais nuages, ces Bédouins ont l'habitude d'allumer autour de leurs tentes

[1] *The Rob Roy on the Jordan*, by J. Mac Gregor, London, 1870.

et de leurs huttes de grands feux de broussailles dont la fumée éloigne ces insectes insupportables. C'est, paraît-il, à cette condition seulement qu'on peut reposer, la nuit, pendant quelques heures.

Les chameaux de la vallée sont superbes et atteignent une haute taille dans ces pâturages luxuriants. Les buffles, très nombreux, paraissent un peu différents de ceux de l'Inde; la plus grande partie du jour, afin de protéger contre la piqûre des mouches leur peau presque nue, ils restent entièrement cachés sous l'eau et ne montrent à la surface que les cornes et les narines. Les fourrés des bords du lac sont habités par des sangliers qui viennent, pendant la nuit, ravager les champs des Bédouins. Ces animaux sont atteints de la trichine comme l'a prouvé une épidémie de cette maladie qui a sévi chez les Ghawarinèhs et qui a eu pour cause l'usage de la viande d'un sanglier tué dans les halliers de la vallée. Ces Arabes ne paraîtraient donc pas avoir horreur, comme leurs congénères, de la chair de porc.

La surface du lac est à 10 m. 3 au-dessous de la Méditerranée. La ligne de niveau de la mer doit passer à une très petite distance de l'extrémité nord du lac, près du village de Salihiyèh, situé non loin des marais appelés Ard Houlèh.

Entre le Houlèh et le lac de Tibériade, le cours du Jourdain est excessivement rapide, ce qui s'explique facilement, puisque la chute du fleuve est de plus de 500 mètres sur un parcours de 18 kilomètres seulement.

Quelques semaines plus tard nous avons aussi exploré avec soin, au point de vue ichtyologique, le ravissant petit lac alpestre de Yammouni, situé en plein Liban, à 1.650 mètres de hauteur, dans une profonde dépression, au sud du passage des Cèdres qui fait communiquer Ba'albek, la plaine de la Bekâa, l'ancienne Cœlesyrie avec la haute vallée de la Kadischa, au nord, et celle du Nahr Ibrahim, au sud. Le Yammouni étend sa nappe d'eau limpide, mais verdâtre, dans une vallée sauvage et rocailleuse dominée, à l'ouest, par des falaises abruptes. Une forte source jaillit d'une large grotte creusée dans le rocher et tombe à grands fracas pour former un joli ruisseau qui donne naissance au lac, à quelques centaines de mètres plus loin.

Des buttes s'élèvent non loin de là, et près de l'endroit où cette source se jette dans le Yammouni, on aperçoit sous les eaux des fragment de colonnes, des chapiteaux et des frises sculptées entre lesquels nagent des myriades de petits poissons d'une seule et même espèce, que je décris plus loin sous le nom de *Phoxinellus Libani*. Lorsque le lac est presque à sec, à la fin de l'été, ils sont pêchés en immense quantité dans les creux où l'eau séjourne et sont alors exportés à une grande distance dans les villages et les couvents du Liban. Au bord du lac, entourée par les ruisseaux d'eau vive, une terrasse de 86 mètres de long, sur 66 mètres de large, supportait un temple, dont les fragments de style dorien, sont dispersés à l'entour. Les pierres du ruisseau disparaissent entièrement sous les frondes d'une mousse aquatique, le *Cinclydotus fontinalis*, qui se trouve aussi fréquemment dans les sources froides et limpides de nos montagnes calcaires.

Le lac Yammouni présente les phénomènes de dessèchement et de remplissage qui sont encore inexpliqués par les naturalistes. A la fin de juin et au commencement de juillet, il a 3 kilommètres de longueur, sur 2 kilomètres de large. En septembre, au contraire, absolument desséché, ainsi que l'a constaté plusieurs fois notre savant ami, M. Blanche, consul de France à Tripoli, on peut en parcourir le fond dans toute son étendue, arrêté de temps en temps seulement par des vases et des flaques d'eau remplies de *Phoxinellus*.

Dans la partie centrale, il reste alors un bassin circulaire d'une soixantaine de mètres de diamètre dont les parois s'inclinent en forme d'entonnoir. On voit très bien le fond de ce trou quoiqu'il ait au moins 15 à 20 mètres de profondeur. Le fond qui représente une surface peu étendue est couvert de gros cailloux qui se distinguent très nettement à cause de la grande limpidité et de l'immobilité de l'eau. Le bassin central est alimenté abondamment par un ruisseau qui n'a pas moins de 4 ou 5 mètres de large, formé par plusieurs grosses sources situées près du village de Yammouni.

Il est évident que les eaux du lac s'écoulent par la base de cet entonnoir, que, pour cette raison, les habitants appellent le *balaôu*, le gouffre. M. Blanche estime qu'au milieu de septembre, le lac est à sec depuis au moins quinze jours, de sorte que la grande masse d'eau qui s'y trouve au printemps et en été disparaît complètement en deux mois au plus.

D'après les habitants, le remplissage se fait de la manière suivante : la caverne, située près du village et par laquelle s'échappe la cascade dont j'ai parlé, laisse jaillir tout à coup, après avoir émis un bruit sourd qui fait trembler la montagne, une colossale gerbe d'eau qui se précipite dans le lac en formant un torrent dont le parcours n'a pas plus de 200 à 300 mètres, dans un lit de galets parfaitement reconnaissable, quand bien même l'eau n'y coule plus. Le sol de la caverne s'incline rapidement depuis l'ouverture extérieur. L'eau sort de la partie basse de la grotte comme en témoigne les cailloux roulés qui en jonchent l'intérieur et obstruent l'orifice.

Les habitants de Yammouni ainsi que les chrétiens ou Métoualis de la contrée voisine sont unanimes à dire que l'éruption a lieu invariablement autour du 8 mars, veille de la fête des quarante Martyrs. Le curé de Yammouni a plusieurs fois affirmé à M. Blanche qu'il y avait, certaines années, avance ou retard de quelques jours seulement. Vers cette époque, l'eau s'échappe en telle abondance du flanc de la montagne, qu'en un mois à peine, tout le bassin du lac est rempli. Le phénomène de cette éruption brusque d'une énorme masse liquide ne peut guère être expliqué que par le principe aujourd'hui bien connu des sources intermittentes.

Le lac n'a point d'autre orifice d'écoulement que ce *balaôu*, gouffre central dont nous avons parlé. Une assez grande quantité d'eau se perd peut-être par le fond du bassin formé de la terre calcaire friable qui recouvre les hauts sommets de cette partie du Liban et qui, suivant M. Blanche, semble appartenir aux couches tertiaires. Cette masse poreuse doit laisser passer beaucoup d'eau; mais on est cependant en droit de se demander ce que devient l'immense nappe liquide qui disparaît si rapidement dans l'intérieur du sol.

La croyance générale des habitants est qu'elle va former les sources du Nahr Ibrahim, l'ancien fleuve Adonis, à Afka et à Akoura, sur le versant ouest du Liban. M. Blanche qui a visité avec beaucoup de soins et à plusieurs reprises ces lieux intéressants pense que cette hypothèse doit être admise. Il est certain que l'eau du Yammouni ne revient pas à la surface sur le versant est de la chaîne, du côté de la plaine de la Bekâa, car nulle part on n'y voit des sources auxquelles on puisse attribuer cette origine.

Le massif de montagnes qui sépare le haut de la vallée du Nahr Ibrahim de l'enfoncement où se trouve le Yammouni est peu considérable et percé de très nombreuses cavernes, dont quelques-unes, d'après les habitants du pays, doivent avoir plusieurs kilomètres de profondeur. La communication a donc pu s'établir facilement, car d'après mes relevés barométriques, l'entrée de la grotte d'Afka est à 1.205 mètres, tandis que le niveau du Yammouni est au moins à 1.650 mètres, et peut-être davantage. Les habitants d'Afka et d'Akoura affirment aussi que la grande masse des eaux arrive tout à coup vers le 8 mars. Elles diminuent ensuite et alimentent les petites cascades qui persistent toute l'année.

Un habitant de la région a affirmé à M. Blanche qu'au village de Kefer Helda, dans la vallée du Nahr el-Djanz qui se rend à Batroun, il y a une source très volumineuse, intermittente aussi, et d'où l'on voit souvent sortir de petits poissons semblables à ceux du Yammouni. Ce fait devrait évidemment être vérifié.

A quelques kilomètres au sud du Yammouni, se trouve un autre charmant petit lac, le Legnia, dont l'étendue est beaucoup moindre et dont les eaux, d'une grande limpidité, ne renferment aucun poisson, mais seulement de nombreuses grenouilles communes et de grandes couleuvres aquatiques.

Comment les premiers germes des *Phoxinellus Libani* ont-ils pu être transportés dans un bassin aussi élevé que celui du Yammouni? Et pourquoi le lac Legnia, si voisin du premier, ne renferme-t-il ni *Phoxinellus* ni autres espèces de poissons? Ce sont là des questions que je me suis posées bien souvent sans pouvoir les résoudre. Ce qu'il y a de plus probable cependant, c'est que les *Phoxinellus* ne sont que les descendants directs, modifiés ou non, des types ancestraux qui vivaient lorsque se sont déposées les couches tertiaires dont M. Blanche et moi avons constaté la présence.

Toutes les eaux de la région de Damas se réunissent à l'est de la ville en une rivière assez considérable, le Barada, qui, à une journée de marche, donne naissance à un lac marécageux appelé Bahret Ateibèh, persistant toute l'année, très étendu au moment de la fonte des neiges, diminuant ensuite rapidement pendant les chaleurs de l'été, sans écoulement, l'évaporation seule enlevant les eaux que le Barada lui amène. Ce lac considérable a près de 25 kilomètres de long, sur 4 ou 5 de large; il est divisé en deux parties par un étranglement médian. L'extrémité nord s'appelle Bahret el-Schourkyèh; le bassin sud forme le Bahret Ateibèh proprement dit. En général peu profond, il présente l'aspect d'un vaste marécage entrecoupé de prairies inondées, de flaques boueuses et de larges fossés. Au printemps et en hiver seulement, l'eau recouvre entièrement le sol.

Plus au sud, à quelques kilomètres de distance, un deuxième lac, un peu moins grand que le précédent, le Bahret el-Hidjanèh, reçoit les eaux du torrent Pharphar dont la source principale est le Nahr Arny, qui prend naissance dans l'Hermon. Un autre étang, le Bahret Bala communique avec le précédent à certaines époques de l'année. Plus au sud encore, un quatrième lac, le Matk Brâk, reçoit à la fois les eaux venant du Jebel Abayèh, montagnes volcaniques du Jedour, et au sud, celles du Hauran, qui lui sont amenées par le Nahr Lououa. Tous ces marécages sont entourés de formidables forêts de hauts roseaux *(Arundo donax)* et de joncées qui en rendent l'approche fort difficile. Plusieurs ont été cependant explorés avec soin par M. Mac Gregor qui les a parcourus dans une barque légère. Les roseaux servent de retraite à des bandes d'oiseaux aquatiques qui y trouvent une pâture abondante. Les poissons très nombreux appartiennent aux genres *Cyprinodon*, *Leuciscus*, *Rhodeus*, *Capoeta* et *Alburnus*. On y rencontre aussi beaucoup de reptiles et des tortues d'eau *(Emys Caspica)*. Dans les prairies de la plaine, les tortues terrestres *(Testudo Mauritanica)* atteignent souvent de grandes dimensions. Les crabes d'eau *(Telephusa fluviatilis)* se cachent par myriades au milieu des plantes aquatiques. Les plus gros sont pêchés et vendus au marché de Damas. On voit partout des bandes de cigognes, de pélicans, de bécassines, de canards, de hérons bihoreaux et en hiver des cygnes venant du Nord.

Les arbres manquent presque entièrement à cette contrée; on ne trouve çà et là que de grandes touffes de beaux tamarix à fleurs blanches légèrement rosées. Cette essence atteint ici une taille quelquefois assez considérable tout en présentant un tronc toujours bas et tortueux. Ces prairies inondées qui se dessèchent en été sont des plus malsaines en automne; elles donnent naissance à des miasmes paludéens redoutables qui font sentir leurs funestes effets jusqu'à Damas, et déciment, chaque année, la population des nombreux villages de la plaine dans laquelle, à cette époque, il n'est guère prudent de se promener et encore moins de séjourner.

POISSONS

I

ORDRE DES ACANTHOPTÉRYGIENS

FAMILLE DES BLENNIDÆ

Genre BLENNIUS

1° BLENNIUS VARUS, Risso

Pl. XVIII, fig. 3.

Blennius varus, Risso, *Ichtyologie de Nice*, p. 131 et *Histoire naturelle de l'Europe méridionale*, vol. III, p. 237. — Bonaparte, *Fauna Italica*, vol. III et figure. — Günther, *Catalogue of the Fishes*, vol, III, p. 220.

D. 30. A. 21. V. 2. P. 13.

Tête en apparence plus grosse que le corps à cause d'une large protubérance cutanée, triangulaire, placée dans la région occipitale. La longueur de la tête est un peu plus grande que la hauteur du corps ; elle est contenue trois fois et demie dans la longueur totale, sans la caudale. La bouche, grande, est armée de deux crochets de chaque côtés ; elle s'étend en arrière du préorbital. Le rebord du préopercule est pourvu de six à sept glandes saillantes et très visibles. L'œil de grandeur médiocre est pourvu d'un petit tentacule sus-orbitaire. La dorsale prend naissance au-dessus de l'opercule et se continue, en formant une concavité sensible au milieu du dos, jusqu'à la racine de la caudale où les deux nageoires paraissent être reliées ensemble par une fine membrane. La ventrale est placée presque à l'extrémité inférieure de l'opercule ; la pectorale est très large, arrondie en éventail, supportée par des rayons assez forts et se prolongeant bien en arrière de la membrane natatoire. L'anale, très longue, s'étend depuis l'extrémité postérieure de la pectorale jusqu'à la racine de la caudale.

Le *Blennius varus* de Syrie ne dépasse pas une longueur de 8 centimètres depuis l'extrémité du museau jusqu'à celle de la nageoire caudale. Ce poisson présente une couleur jaunâtre assez foncée. Les flancs portent en général de 6 à 8 raies d'un brun très intense. Le front est presque entièrement noir; les yeux sont très saillants. Les nageoires grisâtres présentent, à leur base, la continuation des tâches qui se trouvent sur les flancs.

Habitat. — Cette espèce n'est point rare dans le lac de Tibériade; elle habite en général à l'embouchure des petites rivières. Je l'ai pêchée à Ain et-Tin, à Ain et-Tâbigah et au wady Semâk, sur la côte orientale.

Nom arabe. — Les pêcheurs de Tibériade connaissent très bien cette espèce qu'ils appelent *Barbot es-Rhir*, mais qu'ils ne mangent point à cause de sa forme étrange.

2° BLENNIUS LUPULUS, Bonaparte

Blennius lupulus, Bonaparte, *Fauna Italica* et figure. — Günther, *Catalogue of the fishes*, vol. III, p. 225. — Tristram, *Land of Israel*, p. 99.

D. 29. A. 18.

La hauteur du corps est à peu près égale à la longueur de la tête et au cinquième de la longueur totale, sans la caudale. Le museau est proéminent. De chaque côté et à chaque mâchoire, une dent recourbée. Tentacule orbitaire très fin. La nageoire dorsale commence verticalement au-dessus de l'opercule, elle est très légèrement dentelée et ne se continue pas avec la caudale. La couleur du corps est d'un brun olivâtre avec des tâches noires irrégulières (Günther).

Habitat. — M. Tristram a trouvé cette espèce dans le fleuve Kishôn, au pied du mont Carmel, et dans la plaine d'Esdrélon.

3° BLENNIUS VULGARIS, Pollini

Pl. VIII, fig. 4.

Blennius vulgaris, Pollini, *Viaggio al Lago di Garda*, vol. VIII, p. 20, fig. I. — Günther, *Catalogue of the Fishes*, vol. III, p. 217.
Blennius cagnota, Cuvier et Valenciennes, *Histoire naturelle des poissons*, vol. XI, p. 249.

D. 32. A. 20. V. 3. P. 14.

La forme du corps est presque cylindrique avec un léger applatissement de chaque côté de la ligne latérale. La longueur de la tête dépasse la hauteur du corps; elle est comprise quatre fois dans la longueur totale, sans la caudale. La bouche, très grande, est armée d'une paire de crochets de chaque côté; elle s'étend jusqu'au dessous et en arrière de l'œil. Celui-ci est grand et ne présente pas de tentacule à son bord supérieur. Les narines sont très près de l'orbite. En arrière de la tête, au-dessus de l'extrémité de l'opercule et en face de la nageoire dorsale, la peau forme une grosse protubérance à double saillie. La dorsale commence au-dessus de la naissance de la pectorale ; elle est très haute et l'extrémité de ses rayons dépasse notablement la membrane interépineuse. Entre le quinzième et le seizième rayon, elle forme une dépression sensible, pour se relever ensuite fortement à la partie postérieure. La membrane de la dorsale se prolonge pour se relier à la caudale. Celle-ci est longue, tronquée, son bord postérieur forme une ligne droite ; l'extrémité des rayons dépasse aussi la membrane interépineuse. La pectorale, large, en éventail, arrondie, atteint l'orifice anal. La nageoire anale, très basse, prend naissance en arrière de l'ouverture anale et se continue jusqu'à la caudale. Les rayons font une saillie considérable. Un très petit espace sépare les nageoires anale et caudale.

Ce poisson ne dépasse pas 14 centimètres depuis le museau jusqu'à l'extrémité postérieure de la caudale.

La tête, de couleur sombre, avec des reflets verdâtres et bleuâtres, est tigrée d'une infinité de points pigmentaires noirs. Il en est de même de la racine de la pectorale et de toute la région dorsale du corps jusqu'à la ligne latérale. L'abdomen est blanc ; le dos gris foncé maculé de taches sombres et irrégulières.

HABITAT. — Le Nahr el-Bared et le Nahr Raschein près de Tripoli.

FAMILLE DES MUGILIDÆ

Genre MUGIL

1° MUGIL CAPITO, CUVIER ET VALENCIENNES

Pl. X, fig. 2.

Mugil capito, CUVIER et VALENCIENNES, *Histoire naturelle des poissons*, t. XI, 35. — GÜNTHER, *Catalogue of the Fishes*, vol. III, p. 439.

$$D.\ 4.\ \frac{2}{7}.\qquad A.\ \frac{3}{9}.\qquad V.\ \frac{1}{5}.\qquad P.\ 16.$$

Ligne latérale, 45. Ligne transversale, 14.

La longueur de la tête est moindre que la hauteur du corps ; elle est contenue quatre fois et un tiers dans la longueur totale, sans la caudale.

La bouche est petite, l'extrémité du maxillaire supérieur dépasse le sous-orbitaire. L'œil, grand, a pour diamètre le tiers de la longueur de la tête ; il est légèrement plus près du rebord du préopercule que de l'extrémité du museau. L'angle supérieur de l'opercule est arrondi. La dorsale osseuse est haute ; le premier rayon un peu plus court que la pectorale. La dorsale a son origine plus près de la caudale que de l'extrémité du museau. La dorsale molle, basse et étroite se termine en arrière au niveau de la fin de l'anale. La caudale, plus longue que la tête, est échancrée aux deux tiers de sa longueur. La pectorale est courte, triangulaire insérée en haut au niveau du rebord arrondi de l'opercule. La ventrale est petite, presque carrée ; son rayon épineux, fin et acéré, a les deux tiers environ de la longueur du premier rayon mou. La naissance de l'anale est en avant de celle de la dorsale molle, elle est assez haute, mais étroite.

La longueur totale des échantillons que nous avons rapportés de Syrie est de 12 centimètres.

Ces poissons sont bruns sur le dos, argentés jaunâtres sur le ventre. Le corps ne présente pas de raies. Les nageoires sont d'un gris jaunâtre.

HABITAT. — J'ai pêché cette espèce en assez grande quantité dans les eaux légèrement saumâtres des embouchures du Nahr Ibrahim (ancien fleuve Adonis), du Nabr el-Kelb (le Lycus) et du Nahr Beyrouth. Ces poissons se vendent fréquemment sur le marché de Beyrouth.

2° MUGIL CURTUS, YARELL

Pl. XI, fig. 1.

Mugil curtus, YARELL, *Brith. fishes*, vol. I, p. 210.
Mugil curtus, CUVIER et VALENCIENNES, *Histoire naturelle des poissons*, vol. XI, p. 70. — GUNTHER, *Catalogue of the Fishes*, vol. III, p. 439.

$$D.\ 4.\ \frac{1}{8}.\quad A.\ \frac{3}{8}.\quad V.\ \frac{1}{5}.\quad P.\ 11.$$

Ligne latérale, 38 ; ligne transversale, 12.

La longueur de la tête égale la hauteur du corps ; elle est comprise quatre fois dans la longueur totale, sans la caudale. La tête est un peu plus large que haute. La bouche, grande, se prolonge au-dessous du préorbital et du bord antérieure de l'orbite. L'œil, assez grand, a pour diamètre le quart de la longueur de la tête. Il est plus près de l'extrémité du museau que du rebord de l'opercule. La joue est grande. La dorsale osseuse est basse, et plus près du museau que de l'origine de la caudale. La dorsale molle est haute, les rayons en sont étalés et écartés. La caudale est profondément échancrée ; sa base est recouverte par de petites écailles insérées entre les rayons. La pectorale, courte, est terminée en angle très aigu et n'atteint pas le bord postérieur de l'abdominale. La ventrale est forte ; l'épine osseuse mesure les deux tiers de la longueur du premier rayon mou. La naissance de la dorsale épineuse correspond à la fin de la ventrale. L'origine de l'anale est placée en avant de la dorsale molle et se termine à peu près au même niveau que cette dernière. Le corps du poisson est relativement court et ramassé.

La longueur des plus grands individus pris en Syrie est de 16 centimètres, la caudale comprise.

Le dos est brun assez foncé, les flancs jaunâtres, le ventre argenté.

Habitat. — M. Blanche, consul de France à Tripoli (Syrie), m'a envoyé cette espèce qui est fréquemment pêchée à l'embouchure du Nahr el-Kadischa, du Nahr el-Bared, et vendue, à certaines époques de l'année, dans le bazar de Tripoli, quoique sa chair soit peu estimée des indigènes.

Nom arabe. Les mariniers de Tripoli connaissent ce poisson sous le nom de *Bouri endjerani* (M. Blanche).

3° MUGIL OCTORADIATUS, Günther

Pl. XI, fig. 2.

Mugil octoradiatus, Günther, *Catalogue of the Fishes*, vol. III, p. 437.

$$D.\ 4.\ \frac{1}{8}.\quad A.\ \frac{3}{8}.\quad V.\ \frac{1}{5}.\quad P.\ 18.$$

Ligne latérale, 42-44; ligne transversale, 14.

La longueur de la tête égale la hauteur du corps; elle est comprise quatre fois dans la longueur totale, sans la caudale. La bouche, grande, s'étend en dessous et en arrière du préorbital. L'œil, qui est relativement grand, mesure le tiers environ de la longueur de la tête. Il est à égale distance de l'extrémité du museau et du rebord du préopercule. Les orifices des narines divisent la distance comprise entre l'œil et le bout du museau en trois parties égales. L'origine de la dorsale osseuse est de quelques millimètres plus près de la caudale que de l'extrémité du museau. Le premier rayon osseux égale les deux tiers de la pectorale. La dorsale molle assez basse se termine un peu en arrière du bord postérieur de l'anale. La caudale, longue, est fortement échancrée; la pectorale est large et terminée par un angle beaucoup moins aigu que dans les autres espèces. La ventrale est forte; le rayon épineux n'a que les deux tiers environ de la longueur du premier rayon mou. L'anale, haute en avant, est très courte en arrière.

La longueur des échantillons de Syrie ne dépasse pas 14 centimètres.

Le dos est teinté en brun clair; l'abdomen est argenté; les nageoires sont grisâtres.

Habitat. — Nahr el-Bahsas, près de Tripoli.

Ce poisson m'a été envoyé par M. Blanche.

Observations. — Cette espèce, quoique ayant beaucoup de ressemblance avec le *Mugil curtus*, en diffère cependant par le nombre constant des rayons de la dorsale et de l'anale. La pectorale est plus large et les formes du corps plus élancées.

Ce poisson est vendu assez fréquemment sur le marché de Tripoli, et comme le précédent, il est connu des Arabes sous le nom de *Bouri endjerani* (Blanche).

4° MUGIL AURATUS, Risso

Pl. XI, fig. 3.

Mugil auratus, Cuvier et Valenciennes, *Histoire naturelle des poissons*, vol. XI, p. 43. —Günther, *Catalogue of the Fishes*, vol. III, p. 442.

D. $\frac{4}{9}$. A. $\frac{3}{9}$. V. $\frac{1}{5}$. P. 17.

Ligne latérale, 43; ligne transversale, 14.

La longueur de la tête est plus grande que la hauteur du corps; elle est comprise quatre fois dans la longueur totale, sans la caudale. La hauteur de la tête égale sa largeur. Les yeux, grands, sont placés plus près du bord du préopercule que de l'extrémité du museau. L'ouverture des narines est à la moitié de la distance qui sépare le bord antérieur de l'orbite, de l'extrémité du museau. La première nageoire dorsale a son bord antérieur à égale distance de l'extrémité du museau et de la naissance de la nagoire caudale. La deuxième nageoire dorsale, étroite et haute, ne présente point d'épine osseuse. La caudale, longue et très étalée, est recouverte à la base par des séries régulières d'écailles qui se continuent sur la membrane qui réunit les rayons ; ces écailles se voient jusqu'au tiers de la nageoire. La pectorale haute, trapézoïde, terminée par un angle aigu à sa base, est protégée par plusieurs rangs de petites écailles. La ventrale est armée d'un fort rayon osseux et aigu. Le premier rayon, mou, n'est que d'un tiers plus long que l'épineux. La ventrale naît un peu en avant de la seconde dorsale : elle est large et les rayons en sont très écartés. Les six premiers rayons mous présentent entre eux des séries de très petites écailles.

Les plus grands exemplaires rapportés de Syrie sont de 22 centimètres de longueur.

Habitat. — Cette espèce est assez commune à l'embouchure de la plupart des rivières de la Syrie. Je l'ai pêchée dans le Nahr Beyrouth, le Narh Ibrahim (ancien fleuve Adonis); M. Janowski me l'a envoyée d'Antioche et du Narh el-Kara qui se jette à l'extrémité nord du lac d'Antioche. Cette espèce paraît donc, à certaines époques de l'année, s'éloigner considérablement de la mer.

Nom arabe. — Ce poisson est connu des pêcheurs de Tripoli sous le nom de *Bouri dahabi*, Bouri doré (M. Blanche).

II

ORDRE

DES

ACANTHOPTÉRYGIENS PHARYNGOGNATHES

FAMILLE DES CHROMIDÆ

Genre CHROMIS

1° CHROMIS TIBERIADIS, LORTET

Pl. VI.

Chromis Niloticus, GÜNTHER, *pro parte*, *Procedings in the Zoological Society of London*, 1864, p. 490. *Catalogue of fishes in the British Museum*, vol. IV, p. 267.

D. $\frac{16}{13}$. A. $\frac{3}{10}$. V. $\frac{1}{5}$. P. 13.

Ligne latérale, 33-34.

La longueur de la tête est contenue trois fois dans la longueur totale du corps mesurée sans la caudale ; la hauteur du corps est comprise deux fois et un quart dans la même longueur. La bouche est grande. Les dents de la rangée antérieure sont beaucoup plus hautes que celles de l'intérieure. La mâchoire inférieure projetée en avant dépasse sensiblement la supérieure. L'ouverture buccale est oblique et forme avec le profil du front un angle de plus de 90°. L'œil, très grand, a un diamètre à peu près égal au cinquième de la longueur de la tête. La joue est recouverte de deux séries d'écailles à direction presque perpendiculaire à l'axe de la bouche. Le rebord du préopercule est égal en largeur au diamètre de l'œil.

Les narines sont placées sensiblement plus près de l'extrémité du museau que du bord antérieur de l'orbite. La nageoire dorsale commence juste au-dessus de l'extrémité antérieure de la ligne latérale; le quatrième rayon osseux de cette nageoire correspond à la naissance de la pectorale, et le cinquième à la naissance de la ventrale. Les rayons osseux de la dorsale sont très forts, terminés en pointe de yatagan, alternativement plus larges et plus étroits. Le quinzième rayon osseux égale l'épine antérieure de la ventrale. Les languettes nombreuses interépineuses sont aiguës et dépassent légèrement les épines. L'extrémité postérieure de la dorsale est molle et revêtue d'une membrane épaisse. Les cinquième et sixième rayons mous égalent ceux de la caudale. Celle-ci est très étalée, légèrement échancrée en forme de croissant, quelquefois presque droite, mais jamais convexe; elle est entièrement recouverte par d'innombrables écailles très petites, se recouvrant les unes les autres et très caduques. Ces écailles qui disparaissent au moindre frottement n'ont pu être représentées sur la planche VI. La nageoire pectorale, très longue, dépasse notablement l'orifice anal, trois séries d'écailles trouvent place entre l'extrémité de la pectorale et l'anus. Lorsqu'elle est abaissée, l'extrémité atteint le deuxième rayon mou de l'anale. L'épine antérieure osseuse de la ventrale, très forte, est de moitié moins longue que le premier rayon mou. La nageoire anale est armée de trois rayons osseux, les deux premiers arqués et aigus, le troisième renflé sur les côtés et trois fois plus long que le premier.

Ce poisson est argenté verdâtre sur le dos; argenté verdâtre, zoné de rose sur le ventre. Les nageoires pectorales sont verdâtres, les ventrales rosées, l'anale et la dorsale verdâtres; la caudale, rougeâtre avec des taches vertes, présente à l'extrémité un lizeré rouge brique. Ces couleurs passent rapidement sur les individus conservés dans l'alcool.

Ce Chromis, lorsqu'il est parfaitement adulte, atteint une longueur de 28 centimètres, depuis les lèvres jusqu'à l'extrémité de la nageoire caudale. Cependant, dans le lac Houlèh, où cette espèce fourmille, nous en avons pêché de nombreux exemplaires qui avaient 40 centimètres de longueur.

Habitat. — Il se trouve dans le Jourdain, depuis le lac Houlèh jusqu'à la mer Morte, mais il est surtout abondant dans le lac Houlèh (les eaux de Mérom) et le lac de Tibériade; je l'ai pris à Ain el-Moundawarah (la fontaine ronde), près du hameau de Magdala.

Le *Chromis Tiberiadis* est très commun dans le lac de Tibériade; en quelques coups de filets, on peut facilement en prendre plusieurs centaines. C'est lui et le *Chromis Niloticus* que l'on trouve surtout au bazar de Tibériade. Pendant l'hiver, ces poissons sont même transportés à Safed et à Nazareth. Dans le lac, ils se réunissent en bandes nombreuses qui se rencontrent surtout dans les estuaires vaseux que forment les cours d'eau. On peut en pêcher des quantités prodigieuses à l'endroit où le Jourdain se jette dans le lac. A l'extrémité sud, au point d'émergence du fleuve, au pont de Semâk, on aperçoit toujours entre les piles en ruines, au milieu des eaux claires et transparentes, de très gros individus de cette espèce.

Ces *Chromis* aiment surtout les eaux tranquilles quoiqu'on puisse les pêcher fréquemment aussi dans le cours même du fleuve, depuis le lac Houlèh jusqu'à la mer Morte. Ils sont souvent entraînés par le courant jusqu'à l'endroit où la présence des eaux bromurées de la mer Morte les empoisonne rapidement. On les voit alors par milliers nager péniblement à la surface pour éviter les eaux profondes plus salées, puis tourner le ventre en l'air et périr après quelques minutes d'agonie. Leurs cadavres sont journellement rejetés en nombre immense sur les bancs de sable de l'estuaire et servent de nourriture à des corbeaux, à des vautours et à d'autres oiseaux de proie attirés par cette abondante curée. Quelquefois, au moment des chaleurs, ces poissons putréfiés empestent la contrée environnante.

Au nord du lac de Tibériade, cette espèce se rencontre plus rarement dans le cours du Jourdain, mais elle s'est multipliée d'une façon prodigieuse dans le vaste et profond marécage que l'on appelle le lac Houlèh. Là, sous les feuilles des nénuphars et des nympheas, entre les énormes touffes de papyrus *(Cyperus papyrus)*, on en voit littéralement fourmiller d'innombrables bandes. D'un seul coup d'épervier, on peut toujours en ramener plusieurs centaines sur la rive.

Le lac Houlèh, au nord, est le point ultime atteint par cette espèce; elle ne se rencontre ni dans le bassin de Damas, ni dans celui de l'Oronte, ni dans les lac de Homs, d'Antioche, ni à Orfa, ni dans le haut Tigre, ni dans le haut Euphrate, ainsi que nous avons pu nous en assurer par les belles collections rapportées en 1881 par M. Ernest Chantre.

Nom arabe : *Moucht-lebet* des Arabes de Tibériade.

2° CHROMIS NILOTICUS, Hasselquist

Pl. VII.

Chromis Niloticus, Günther, *Catalogue of the Fishes in the British Museum*, vol. IV, 267.
Labrus Niloticus, Hasselquist, *Reise in Palæstina*, Rostock, 1762, p. 392.

$$D.\ \frac{15}{12}.\quad A.\ \frac{3}{9}.\quad V.\ \frac{1}{5}.\quad P.\ 14.$$

Ligne latérale, 34.

La longueur de la tête est comprise trois fois et un quart dans la longueur totale du corps, sans la caudale; la hauteur du corps est contenue deux fois et un tiers dans la même longueur.

La bouche est assez grande ; les dents antérieures sont légèrement plus fortes que celles des rangées postérieures.

La mâchoire inférieure est projetée en avant de la supérieure. La direction de la bouche est peu inclinée ; elle forme avec le profil du front un angle un peu moindre qu'un angle droit. L'œil égale un sixième de la longueur de la tête ; l'espace interorbitaire, légèrement convexe, est le double de l'orbite. La joue est recouverte de trois séries d'écailles dont la direction est presque parallèle à celle de la ligne latérale. Le rebord nu du préopercule est moindre que le diamètre de l'œil. Ce rebord présente une grande tache noire toujours très accentuée. Les narines sont plus près du bord antérieur de l'orbite que de l'extrémité du museau. La nageoire dorsale commence juste au-dessus de l'origine de la pectorale. L'extrémité antérieure de la ventrale se trouve au niveau du troisième rayon osseux de la dorsale. Les rayons osseux de la dorsale croissent régulièrement du premier au quinzième, qui est le plus long, et qui égale l'épine antérieure de la ventrale. Les languettes interépineuses sont très longues et dépassent de près d'un demi-centimètre l'extrémité des rayons osseux. Les cinquième et sixième rayons mous de la dorsale sont les plus longs ; ils atteignent en arrière le milieu de la caudale. La membrane qui réunit les rayons est d'un gris foncé ; des taches blanchâtres ovalaires sont dessinées régulièrement entre les rayons mous principalement. Entre les rayons osseux, ces taches sont presque triangulaires, surtout à la partie inférieure ; en haut de la nageoire, elles reprennent une forme ovalaire. La nageoire caudale est tronquée, mais légèrement convexe à son extrémité. Des taches blanches arrondies divisent la queue en zones régulières alternativement blanches et noires. La pectorale, assez courte et étroite, n'atteint que la troisième série d'écailles avant l'orifice anal. L'épine osseuse de la ventrale est très forte et atteint les deux tiers de la longueur du premier rayon mou. L'anale présente trois épines très fortes ; la deuxième est beaucoup plus épaisse que les deux autres. Des taches blanches y dessinent des lignes semblables à celles de la dorsale.

Ce poisson est noirâtre sur le dos ; le plus souvent même, il est presque entièrement noir, sauf sur le ventre qui présente des reflets plus clairs. Les nageoires sont d'un gris verdâtre.

Le *Chromis Niloticus*, lorsqu'il est adulte, atteint 28 à 30 centimètres de longueur.

Les caractères que j'ai signalés sont toujours très constants et j'ai pu les contrôler sur les milliers d'individus vivants qui m'ont passé entre les mains. Au premier coup d'œil, même à une certaine distance, on reconnaît le *Chromis Niloticus* à sa teinte d'un gris noirâtre, à sa caudale convexe et non concave comme celle du *Ch. Tiberiadis*, à ses nageoires tachetées de blanc et surtout a son front fuyant et non toujours fortement convexe et proéminent comme dans l'espèce précédente.

HABITAT. — Le Jourdain, depuis le lac Houlèh jusqu'à la mer Morte. Très abondant dans le lac Houlèh et dans le lac de Tibériade. Il est commun aussi en Égypte, dans le Nil et tous les canaux dérivés du Nil; dans la basse Égypte, où il se multiplie en quantités prodigieuses.

Le *Chromis Niloticus*, quoique très répandudans le bassin du Jourdain, y est infiniment plus rare que le *Ch. Tiberiadis*. On le rencontre surtout dans les eaux tranquilles et les endroits vaseux.

Cette espèce, de même que la précédente, a souvent les orbites enlevés, et l'espace interorbitaire entièrement perforé par le bec aigu des grèbes, si nombreux, à certaines époques de l'année, sur les lacs de la Syrie. Ces poissons paraissent supporter très facilement cette mutilation. La cicatrisation s'opère rapidement, et l'animal, devenu absolument aveugle, ne paraît nullement gêné pour subvenir à son existence. J'ai péché de vieux *Chromis* qui avaient évidemment subi cette affreuse blessure depuis fort longtemps.

Les *Chromis Niloticus* sont vendus en grande quantité sur le marché de Tibériade et dans tout le Delta égyptien. La chair de ce poisson m'a toujours paru très bonne et agréable au goût.

Dans certaines localités cependant, lorsqu'il provient de canaux vaseux comme ceux de l'Égypte, il prend une légère odeur marécageuse.

NOM ARABE. — A Tibériade, le *Chromis Niloticus* que les pêcheurs distinguent parfaitement du *Ch. Tiberiadis*, s'appelle *Moucht;* en Égypte, *Bolti* ou *Boulti*.

3° CHROMIS MICROSTOMUS, LORTET

Pl. VIII, fig. 1.

D. $\frac{16}{12}$. A. $\frac{3}{9}$. V. $\frac{1}{5}$. P. 14.

Ligne latérale, 34.

La hauteur du corps est comprise deux fois et demie dans la longueur totale, sans la caudale. La longueur de la tête n'est que les trois quarts de la hauteur du corps. La bouche est toujours très petite; la mâchoire inférieure dépasse à peine la mâchoire supérieure. Les dents sont longues, dentelées à la couronne, colorées fortement en jaune à l'extrémité libre. Les joues, étroites, sont recouvertes de deux rangées d'écailles dont l'inférieure remonte en arrière de l'œil. Le bord nu du préopercule égale les trois quarts du diamètre de l'œil. Celui-ci, assez grand, est entouré d'un cercle orbitaire très renflé à la partie supérieure. La nageoire dorsale est haute, et entre les rayons se trouve une membrane qui forme des languettes très aiguës et très longues ; elle prend naissance un peu en avant de la pectorale. Sur le côté gauche du corps, ce sont les rayons épineux 2, 4, 6, 8, 10, 12, 14, 16 qui présentent une surface beaucoup plus large que celle des rayons impairs. De l'autre côté du corps, c'est le contraire qui se produit. L'extrémité postérieure de la dorsale dépasse légèrement la naissance de la caudale. Cette dernière est à peine concave à son bord postérieur. La pectorale, qui est longue, atteint le troisième rayon osseux de l'anale ; elle est marquée de taches brunes ovalaires qui disparaissent rapidement par le séjour dans l'alcool. La ventrale a une épine antérieure très forte, de moitié moins longue que le premier rayon mou de la même nageoire. Les rayons osseux de l'anale, en forme de lame de yatagan, sont très forts et résistants ; cette nageoire est un peu moins longue que la dorsale molle. La caudale est recouverte à sa naissance de deux séries transversales de petites écailles.

Lorsque cet animal a atteint toute sa croissance, il présente une longueur totale, avec la nageoire caudale, de 15 centimètres. Quelques rares exemplaires atteignent 20 centimètres.

Le *Chromis microstomus* est vert argenté sur le dos et sur le front ; le ventre, très brillant, est argenté. Toutes les nageoires sont jaunes à reflets verdâtres.

Ce *Chromis* se reconnaît facilement aux caractères indiqués, mais surtout à la petitesse relative de l'ouverture buccale, qui même à première vue ne permet aucune confusion avec les formes voisines.

Cette espèce, vendue en très grande quantité dans le bazar de Tibériade, a une chair blanche et ferme, d'un très bon goût. Je ne lui ai jamais trouvé des œufs ou des petits dans la gueule.

Habitat. — Elle est très abondante dans le lac de Tibériade surtout, beaucoup moins dans le lac Houlèh ; elle est assez rare dans le Jourdain. Je l'ai prise aussi dans les sources Ain et-Tin et Ain et-Tâbigah. Elle se voit en grand nombre dans le bassin circulaire d'Ain el-Moundawara.

Nom arabe. — Les pêcheurs de Tibériade connaissent cette espèce sous le nom de *Moucht Kart.*

4° CHROMIS FLAVII-JOSEPHI, Lortet

Pl. VIII, fig. 2.

A. $\frac{15}{8}$. A. $\frac{3}{7}$. V. $\frac{1}{5}$. P. 12

Ligne latérale, 26.

La hauteur du corps est égale à la longueur de la tête; la longueur de la tête est contenue deux fois trois quarts dans la longueur totale du corps, sans la caudale. Le front est assez fuyant. La bouche est grande et s'étend en arrière du préorbital; la mâchoire inférieure dépasse à peine la mâchoire supérieure. Dents le plus souvent coniques, quelques-unes terminées carrément, avec une pointe secondaire en bas de la zône colorée en jaune foncé. Les joues, grandes, sont recouvertes de quatre séries d'écailles. Le bord nu du préopercule est étroit et échancré en arrière. L'œil, assez grand, a pour diamètre le quart de la longueur de la tête. La nageoire dorsale prend naissance juste au-dessus du bord postérieur de l'opercule. Elle est relativement très haute, et la membrane de la partie osseuse se termine en languettes arrondies. La partie molle plus élevée d'un quart au-dessus de la partie osseuse atteint le milieu de la caudale. La caudale, arrondie à ses angles supérieur et inférieur, présente un bord très légèrement concave à son milieu. La caudale est recouverte à sa naissance de trois ou quatres rangées de petites écailles. La pectorale commence au-dessus de l'extrémité antérieure de la ventrale; elle est courte et n'arrive pas jusqu'à l'origine de l'anale. L'épine antérieure de la ventrale, courte et faible, n'atteint que la moitié de la longueur du premier rayon mou. L'anale est grande, a des rayons très espacés, et présente toujours de 4 à 6 taches jaune d'ocre entourées d'un cercle noir. Son extrémité postérieure atteint la moitié de la caudale. Des macules d'un noir jaunâtre, disposées sur le dos en deux ou trois séries, donnent à cet animal un aspect tout à fait particulier. Une première bande entoure le museau en passant en avant du préorbital, en dessous et en avant de l'œil, puis en arrière de la bouche, et remonte de l'autre côté sans être interrompue. Deux autres bandes s'étendent entre les yeux, la première en avant des orbites, la seconde en dessus. Une tache triangulaire, placée au-dessus de la deuxième bande, arrive en arrière de l'œil, remonte jusqu'à la naissance d'une zône plus foncée qui passe de chaque côté de la dorsale, au-dessus de la ligne latérale, pour finir à la naissance de la dorsale molle. Au-dessous de la ligne latérale, une autre raie prend naissance en arrière de l'opercule et se termine par une tache ovalaire entre les deux parties de la ligne latérale. Une autre tache arrondie se trouve toujours à l'extrémité postérieure de la deuxième partie de la ligne latérale; enfin une tache très noire se montre à la base du premier rayon osseux de la dorsale.

La longueur totale de l'animal adulte est de 12 centimètres.

Il est d'une couleur argenté verdatre, très claire dans la région abdominale. Je n'ai pas trouvé d'œufs ou de petits dans la gueule ou dans les branchies de cet animal.

HABITAT. — Je n'ai jamais pêché cette espèce dans le lac Houlèh ou dans celui de Tibériade, mais seulement dans le Jourdain, au-dessus du lac de Tibériade, et dans les sources Ain el-Moundawarah et Ain et-Tâbigah.

NOM ARABE. — Cette petite espèce, très facilement reconnaissable aux taches jaunes régulières que présente la nageoire anale, est très bien connue des pêcheurs de Tibériade qui l'appellent *Addadi*.

5° CHROMIS ANDREÆ, GÜNTHER

Pl. VIII, fig. 3.

Chromis Andreæ, GÜNTHER, *Proceedings of the Zoological Society of London*, 1864, p. 492.

$$D. \frac{15}{11}. \quad A. \frac{3}{9}. \quad V. \frac{1}{5}. \quad P. 15.$$

Ligne latérale, 31.

La longueur de la tête est égale aux trois quarts de la hauteur du corps; elle est contenue quatre fois dans la longueur totale. La bouche est grande, les dents longues, et la mâchoire inférieure légèrement projetée en avant de la supérieure. L'œil a un diamètre égal au quart de la longueur de la tête. Le bourrelet circumorbitaire épais, forme deux renflements en avant et en arrière. La joue est grande et recouverte de trois séries d'écailles dont la première remonte en arrière de l'œil. L'opercule, relativement étroit, est marqué d'une tache noire à sa partie postérieure. La nageoire dorsale, de la partie antérieure à l'extrémité postérieure, s'accroît régulièrement en hauteur; le quinzième rayon osseux est trois fois et demie plus long que le premier. La membrane qui s'étend entre les rayons osseux est terminée par des languettes ovalaires. La pectorale, toujours courte, n'atteint pas l'orifice anal. L'épine osseuse de la ventrale, toujours très forte, est recourbée légèrement à la base au lieu d'être rectiligne. Elle est de moitié moins longue que le rayon mou. Les trois rayons osseux de l'anale sont très forts avec une strie profonde parcourant toute leur longueur. La partie molle de l'anale est longue et dépasse l'origine de la caudale. La caudale est terminée par un bord presque droit, quelquefois cependant légèrement ondulé. Elle présente des taches cerclées de noir foncé qui disparaissent après un certain temps de séjour dans l'alcool. La partie molle de la nagoire dorsale présente des taches analogues précédées de deux bandes noirâtres.

La longueur totale, y compris la caudale, est de 20 centimètres.

La coloration est d'un gris clair uniforme, avec des reflets argentés à l'abdomen, et dorés en arrière de l'opercule, à la naissance de la ligne latérale.

Habitat. — Dans le lac de Tibériade, où cette espèce est beaucoup plus rare que les précédentes; peut-être ne se tient-elle ordinairement que dans les eaux profondes, où elle peut échapper facilement aux filets.

Je ne l'ai rencontrée ni dans le lac Houlèh, ni dans le Jourdain, ni dans les sources qui se déversent dans le lac de Tibériade.

Nom arabe. — Sous le nom de *Moucht*, les Arabes de Tibériade confondent cette espèce avec le *Chromis microstomus*.

6° CHROMIS SIMONIS, Günther

Pl. IX, fig. 1.

Chromis Simonis, Günther, *Procedings of the Zoological Society of London*, 1864, p. 492.
Chromis Pater-familias, Lortet, *Comptes rendus de l'Institut*, 1875, et *La Nature*, 1876, p. 81, avec figures.

$$D.\ \frac{15}{9}.\quad A\ \frac{3}{8}.\quad V.\ \frac{1}{5}.\quad P.\ 12.$$

Ligne latérale, 32.

La longueur de la tête égale la hauteur du corps; elle est comprise deux fois trois quarts dans la longueur totale du corps, sans la caudale. La bouche, grande, s'ouvre largement; elle est armée de quatre rangées de dents à chaque mâchoire: 22 à 32 à la mâchoire supérieure, 19 à 20 à l'inférieure. Ces dents sont jaunâtres à la couronne et irrégulièrement bifides ou trifides. L'œil est beaucoup plus près de l'extrémité du museau que du bord de l'opercule. Les narines sont plus près du cercle de l'orbite que du bord antérieur du préorbital. Les joues sont recouvertes de trois séries d'écailles, et le rebord nu du préopercule est moins large que le diamètre de l'œil. L'origine de la dorsale se trouve au-dessus du bord postérieur de l'opercule et un peu en avant de la pectorale, tandis que celle de la ventrale est en arrière des deux premières. La dorsale est basse en avant, haute en arrière et terminée par un angle aigu. Les languettes interépineuses, légèrement arrondies, ne dépassent pas l'extrémité des rayons. La partie molle de cette nageoire dépasse un peu l'origine de la caudale. La pectorale, longue, atteint la première écaille de la deuxième partie de la ligne latérale; elle est égale à la longueur de la tête. L'épine antérieure de la ventrale égale le dernier rayon osseux de la dorsale. Le premier rayon mou de cette nageoire est environ un tiers plus long que le dernier rayon osseux et se trouve fixé très en arrière de la verticale passant par l'orifice anal. La nageoire anale est forte et large; les troisième et quatrième rayons mous atteignent l'origne de la caudale. Le bord postérieur de la caudale est presque droit, ne formant au milieu qu'une courbe à peine appréciable. A la partie antérieure de la ligne latérale, on voit l'orifice ovoïde d'une glande considérable dont je n'ai pu découvrir la nature et les usages. Cette ouverture est en partie recouverte par une membrane très fine.

Ce *Chromis*, lorsqu'il est adulte, ne dépasse jamais 15 à 20 centimètres. Le front est très fuyant, et lorsqu'on le regarde de profil, le rebord antéro-supérieur de l'orbite se trouve très rapproché du front.

Ce poisson est d'un vert brunâtre sur le dos, argenté bleuâtre sur le ventre; les nageoires sont bleuâtres argentées ainsi que la tête, qui offre des reflets irisés superbes. Sept bandes régulières d'un brun foncé sont disposées transversalement depuis l'extrémité antérieure du dos jusqu'à l'origine de la caudale.

Habitat. — J'ai pêché en grand nombre cette intéressante espèce dans le lac de Tibériade, dans le lac Houlèh, dans la fontaine Aïn el-Moundawara. Je ne l'ai point trouvée dans le Jourdain. Elle se trouve aussi à Aïn et-Tin et à Aïn et-Tâbigah.

Nom arabe. — Les Arabes l'appellent *Moucht* comme les espèces voisines.

Observation. — Les œufs de ce *Chromis* sont gros comme du plomb de chasse n° 4 et d'un beau vert foncé. J'ai vu plusieurs fois la femelle en pondre une quantité considérable, deux cents environ, entre les joncs et les roseaux dans une petite excavation quelle creuse en se frottant dans la vase. Lorsque la femelle a terminé sa ponte, elle paraît épuisée et reste immobile à une petite distance. Le mâle, au contraire, semble très agité, tourne autour des œufs, nage sans cesse au-dessus, et les féconde très probablement à ce moment-là. Quelques minutes plus tard, il avale les œufs les uns après les autres et les garde dans l'intérieur de la cavité buccale, contre ses joues, qui se gonflent alors d'une manière étrange. Quelques-uns passent cependant au milieu des branchies. Ces œufs, quoiqu'ils ne soient maintenus par aucune membrane, ni par une matière gommeuse ou glaireuse quelconque, tiennent cependant très bien dans la gueule. L'animal ne les lâche jamais lorsqu'il est dans l'intérieur de l'eau. Ce n'est que lorsqu'on jette le poisson sur le sable, que les œufs tombent au dehors à la suite des efforts provoqués par l'agonie, il en reste toujours néanmoins une grande quantité dans la bouche.

Dans cette cavité incubatrice d'un nouveau genre, les œufs subissent en quelques jours toutes leurs métamorphoses. Les petits prennent rapidement un volume considérable et paraissent bien gênés dans leur étroite prison. Ils restent en grand nombre, pressés les uns contre les autres, comme les grains d'une grenade mûre. La bouche du père nourricier est alors tellement distendue par la présence de cette progéniture que les mâchoires ne peuvent absolument plus se rapprocher. Les joues sont gonflées et l'animal présente un aspect des plus étranges. Quelques jeunes, arrivés à l'état parfait, continuent à vivre et à se développer au milieu des feuillets branchiaux. Les autres ont tous la tête dirigée vers l'ouverture buccale du père et ne quittent cette cavité protectrice que lorsqu'ils sont long de 10 millimètres et alors assez forts et assez agiles pour échapper facilement à leurs nombreux ennemis.

Je ne puis comprendre comment le mâle, qui porte ainsi pendant plusieurs semaines plus de deux cents petits, peut se nourrir sans avaler avec sa proie un grand nombre d'alevins.

Lorsqu'on pêche un *Chromis Simonis* qui porte ses petits, ceux-ci, entièrement argentés et très brillants, tombent sur le sable et glissent comme des gouttelettes de mercure.

J'ai pêché pour la première fois cette intéressante espèce le 29 avril 1875, pendant mon premier voyage en Syrie. C'était dans une eau peu profonde, au milieu des joncs, à l'endroit où la source Ain et-Tabigah se jette dans le lac de Tibériade. J'ai, dans mes voyages suivants, retrouvé abondamment cette espèce dans plusieurs autres localités que j'ai indiquées plus haut.

Pendant le mois de juin, que nous avons employé, en 1880, à pêcher et à draguer dans le lac de Tibériade, tous les *Chromis Simonis* capturés avaient des œufs nombreux dans la gueule, ou des alevins déjà arrivés à une taille assez considérable.

Jusqu'à présent, on ne connaît qu'un petit nombre de poissons incubant leurs œufs ou élevant leurs petits soit dans la cavité buccale, soit au milieu des branchies.

Agassiz, pendant son voyage sur l'Amazone, en a découvert une espèce. (M. et Mme Agassiz, *Voyage au Brésil*, traduction française, Paris 1869, p. 225.)

Depuis, on a rapporté de Chine le Macropode dont les mœurs singulières sont aujourd'hui connues de tout le monde. Cette espèce pourtant, au moins si j'en juge par les observations que j'ai pu faire dans les aquariums du Muséum de Lyon, ne porte point ses œufs d'une façon permanente dans la cavité buccale. Il ne fait que les prendre de temps en temps pour les changer de place et les aérer convenablement.

Le célèbre voyageur Livingstone, dans son *Dernier Journal* publié après sa mort, décrit une espèce, très probablement du genre *Chromis*, qu'il a découverte, le 28 juin, sur les bords du grand lac Tanganika. Je transcris ici cette note de l'illustre observateur : « Le Dagala ou Nisipé, petit poisson que l'on prend en grand nombre dans toutes les eaux courantes, et qui ressemble beaucoup à notre Witebait (Clupea), émet dit-on, ses œufs par la gueule ; l'éclosion est immédiate, et les jeunes pourvoient à leurs besoins dès leur naissance. Certaines personnes disent avoir vu des œufs rester dans les côtés de la gueule jusqu'au moment où ils vont éclore. Jamais les Dagalas n'atteignent plus de deux ou trois pouces de longueur. Putréfiés, ils sont d'une amertume à faire croire que la bile est chez eux fort abondante. J'ai mangé de ces poissons dans le Loanda. Ils avaient un goût piquant et amer qu'ils devaient probablement à leur genre de nourriture. » (Livinsgtone, *Dernier Journal*, éd. française, Paris, 1876, vol. II, p. 16.)

Agassiz croit que les poissons de l'ordre des Labyrinthobranches peuvent aussi incuber leurs œufs d'une façon aussi anormale, grâce aux replis branchiaux permettant de les maintenir facilement en place. Les lamelles branchiales des *Chromis* de l'Orient sont simples, et je n'ai pu constater chez eux la poche formée par les arcs branchiaux que présentent, suivant Agassiz, les Chromides de l'Amazone.

Il est probable que beaucoup d'autres espèces de *Chromis* ont la même habitude. J'appelle sur ce point l'attention des voyageurs qui explorent actuellement le nord et le centre du continent africain.

7° CHROMIS MAGDALENÆ, Lortet

D. $\frac{15}{10}$. A. $\frac{3}{7}$. V. $\frac{1}{5}$. P. 13.

Ligne latérale, 32.

La longueur de la tête est égale aux trois quarts de la hauteur du corps ; elle est contenue trois fois dans la longueur totale du corps, sans la caudale. Le corps est beaucoup plus épais que celui des autres espèces, ce qui permet de le reconnaître très facilement. La bouche est grande, fortement inclinée ; la mâchoire supérieure fait avec la verticale un angle égal environ à la moitié d'un droit. La mâchoire inférieure dépasse notablement la supérieure. Les dents sont très fines et très serrées, à couronne légèrement colorée en jaune. L'œil est très petit relativement à la grandeur de l'animal ; son diamètre égal environ le huitième de la longueur de la tête. Il est plus rapproché de l'extrémité du museau que de l'angle de l'opercule. Les narines sont plus près de l'orbite que de l'extrémité du museau. Les joues sont recouvertes de quatre séries d'écailles en avant, de trois en arrière. Le bord nu du préopercule est aussi large que le diamètre orbitaire. L'espace interorbitaire est marqué par deux lignes d'écailles formant un angle aigu à la partie supérieure du préorbital. L'animal paraît avoir ainsi une corne naissante de rhinocéros sur le nez terminé par une dépression au niveau des orbites. La nageoire dorsale commence exactement sur la même ligne verticale que la ventrale. La pectorale a son origine plus en arrière. La partie osseuse de la dorsale est basse. Les languettes interépineuses, arrondies, dépassent légèrement les pointes des rayons. La partie molle de la dorsale se termine par deux lignes formant à peu près un angle droit. Les rayons mous de la dorsale sont un tiers plus longs que les derniers osseux. Les plus longs atteignent à peine l'origine de la caudale. Celle-ci est recouverte à sa base de plusieurs séries de fines écailles ; son bord terminal est franchement convexe. La pectorale est large, mais courte ; elle ne dépasse pas l'orifice anal. L'épine de la ventrale est arqué et mesure environ un deuxième de la longueur du premier rayon mou. La base de l'anale est cachée dans une membranne épaisse ondulée et striée. Les rayons de cette nageoire sont très espacés et atteignent à peine, en arrière, la naissance de la caudale.

La longueur maxima de cette espèce est de 15 à 20 centimètres.

L'angle operculaire porte une tache noire très marquée. Le front est teinté de noir, et huit raies brunes régulières s'étendent, de haut en bas et d'arrière en avant, sur les flancs et sur la partie postérieure du corps. Au niveau de la deuxième partie de la ligne latérale, les écailles teintées de noire forment une ligne horizontale sombre.

Ce *Chromis* est vert brunâtre sur le dos, argenté bleuâtre sur le ventre. Les nageoires sont bleuâtres et argentées.

Habitat. — Lac de Houlèh et lac de Tibériade où cette espèce est assez rare. Elle est, au contraire, très commune dans les lacs marécageux situés à l'est de Damas : le Baret el Hijanèh formé par le Nahr Sabirany, l'ancien Pharhpar, et le Baret el Ateibeh formé par le Nahr Barada qui traverse la ville de Damas. Cette espèce, pêchée en grande quantité dans ces lacs, est, à certaines époques de l'année, vendue sur le marché de Damas.

Nom arabe. — Je n'ai pu savoir comment les Arabes nomment cette espèce.

Observation. — Cette espèce incube aussi ses œufs et ses petits dans la gueule. Les alevins sont à peu près au nombre de deux cents et ressemblent à ceux du *Chromis Simonis*. Les œufs sont gros et verdâtres, mais d'un diamètre moins considérable que ceux de cette dernière espèce.

Genre HEMICHROMIS

Chez les *Hemichromis*, les dents, au lieu d'être pectiniformes, comme chez les vrais *Chromis* sont coniques, légèrement crochues et teintées de jaune à l'extrémité libre.

HEMICHROMIS SACRA, GÜNTHER

Hemichromis sacra, GÜNTHER, *Proceedings of the Zoological Society of London*, 1864, p. 493.

D. $\frac{14}{9}$. A. $\frac{3}{8}$. V. $\frac{1}{4}$. P. 13.

Ligne latérale, 32 à 34.

La longueur de la tête est d'un huitième plus grande que la hauteur du corps ; elle est contenue trois fois dans la longueur totale, la caudale comprise, ou deux fois et demie, sans la caudale. La bouche est très grande, et la mâchoire, inférieure est fortement projetée en avant de la supérieure. Les dents fortes, longues, coniques, courbées en crochets sont au nombre de 36 de chaque côté et à chaque mâchoire. Elles forment à chaque mâchoire trois rangées complètes placées les unes devant les autres, tandis qu'une quatrième rangée intérieure offre un nombre de dents beaucoup moindre et irrégulièrement espacées. L'extrémité conique de la dent est teintée en jaune foncé. Le front, très fuyant, forme un angle droit avec la mâchoire supérieure ; l'œil, plutôt petit que grand, est placé plus près de l'extrémité du museau que du bord de l'opercule. La joue, très grande, est recouverte de cinq séries d'écailles en avant, de quatre seulement en arrière. Le rebord nu du préopercule égale le diamètre de l'œil. Les narines sont placées plus près du bord antérieur de l'orbite que de l'extrémité du museau. La naissance de la dorsale est en avant de la pectorale. Elle est assez basse en avant, mais haute en arrière. La partie molle qui forme un angle droit à côtés légèrement convexes, atteint l'origine de la caudale. La nageoire caudale longue, et très étalée, est terminée par un bord fortement convexe. Les rayons en sont très forts, et sa base est cachée sous plusieurs séries de petites écailles. La pectorale est très longue ; son quatrième rayon atteint le premier rayon mou de l'anale. Le cinquième rayon est brusquement coupé aux deux tiers de sa longueur et n'atteint que la cinquième série d'écailles avant l'orifice anal. La nageoire ventrale est courte et n'atteint pas l'ouverture anale ; l'épine antérieure arrive jusqu'aux deux tiers du premier rayon mou qui est le plus long. Cette nageoire a une forme presque régulièrement triangulaire. Les rayons osseux de l'anale sont médiocrement forts. La partie molle se prolonge jusqu'à la naissance de la caudale, et les deux bords forment un angle arrondi et non un angle aigu comme chez la plupart des *Chromis*.

La longueur totale, y compris la caudale, est de 25 à 30 centimètres. La couleur est uniformément brune sur le dos, argentée sur le ventre ; les nageoires sont d'un vert jaunâtre.

Habitat. — Lac de Tibériade, dans les endroits où se trouvent des joncs ; à l'embouchure du Jourdain, au pont de Semak, où le fleuve émerge du lac ; à Ain et-Tin, Ain et-Tabigah et à Ain et-Moundawara. Je ne l'ai point trouvé dans le Jourdain ni au lac Houlèh.

Nom arabe. — Les Arabes que j'ai pu consulter ne m'ont point indiqué de nom particulier pour cette espèce.

Observations. — L'*Hemichromis sacra*, dans le mois de juin, a toujours un grand nombre d'œufs et d'alevins dans la gueule. Sur les plus gros individus que j'ai pêchés, j'en ai compté jusqu'à deux cent cinquante. La bouche du poisson est tellement gonflée par cette abondante progéniture que l'animal ne peut absolument plus la fermer ; il présente alors un aspect des plus bizarres. Les petits, lorsqu'ils sortent de la cavité buccale, ont à peu près 1 centimètre de longueur et sont entièrement argentés. Les œufs de l'*Hemichromis* sont très gros, mais plus bruns que ceux des *Chromis*.

La femelle, lorsque ses ovaires sont arrivés à maturité, se creuse un petit nid dans la vase ou dans le sable, toujours au milieu des joncs ou des racines de papyrus. Elle y pond ses œufs que le mâle ne tarde pas à féconder en passant et en repassant sur eux et en tournant autour du nid d'une façon très comique. Quelques minutes après, il les engloutit dans sa cavité buccale et part brusquement, abandonnant sa femelle. Au bout de très peu de jours les métamorphoses sont achevées et les alevins sortent de l'œuf. J'ai trouvé souvent chez des *Hemichromis* une grande partie des petits déjà éclos et encore suspendus à une énorme vésicule, tandis que l'autre moitié des œufs n'avait encore donné aucun signe de développement embryonnaire.

Lorsque les petits ont 1 centimètre de longueur ils sortent de la gueule paternelle pour vivre d'une vie indépendante.

Cette espèce, ainsi que le *Chromis Simonis*, ferait un charmant animal d'aquarium. Il serait facile d'en rapporter jusqu'à Haifa, où les bateaux du Lloyd autrichien pourraient les transporter rapidement en Europe. J'ai vivement regretté d'être obligé de me rendre directement de Tibériade à Damas ; ce long voyage m'a privé du plaisir d'acclimater en France cette intéressante espèce.

La chair de l'Hemichromis est très bonne, aussi ce poisson se trouve-t-il fréquemment sur le marché de Tibériade, cependant en moins grande quantité que les *Chromis Tiberiadis, Niloticus* et *microstomus,* tous d'une grande taille, et qui, par cela même, sont très recherchés des pêcheurs, tandis que bien souvent les bateliers rejettent à l'eau ou ne se donnent pas la peine de ramasser les *Hemichromis sacra* que les filets leur ramènent.

III

ORDRE DES PHYSOSTOMES

FAMILLE DES SILURIDÆ

Genre CLARIAS

CLARIAS MACRACANTHUS, GÜNTHER

Pl. XVII.

Clarias macracanthus, GÜNTHER, *Catalogue of the Fishes*, vol. V, p. 16.

D. 73. A. 55. V. $\frac{1}{5}$. P. $\frac{1}{8}$.

Tête plate, cunéiforme, large et longue, égalant un tiers environ de la longueur totale du corps, sans la caudale. La partie supérieure de la tête est recouverte de plaques osseuses symétriquement disposées et fortement chagrinées. Ces granulations sont régulièrement radiées sur les plaques antéro-latérales; elles sont plus irrégulièrement disposées sur les parties postéro-supérieures de la tête. La bouche, grande, est pourvue de quatre paires de longs barbillons : une paire très grande aux commissures des lèvres; leur extrémité atteint la partie postérieure de la dernière plaque céphalique. Deux autres paires sur les parties latérales de la lèvre inférieure, et enfin une quatrième paire placée immédiatement en avant de l'ouverture des narines, à égale distance entre l'œil et l'extrémité du museau. L'œil, petit, est situé sur le côté de la tête, très près de la commissure des lèvres. Le corps, nu, est plus large que haut dans dans le premier tiers, plus haut que large dans les deux tiers postérieurs. La nageoire dorsale est longue et basse, soutenue par soixante treize rayons, dont cinquante-cinq sont simples et dix-huit bifides. L'anale est plus basse et ne compte que cinquante-cinq rayons dont quarante-cinq sont simples et dix bifides. La caudale est longue et arrondie. La ventrale est étroite et longue, pourvue d'un rayon osseux très fort. La pectorale en éventail présente un rayon osseux épais garni en avant d'une série de dentelures. La couleur est d'un noir brun foncé sur le dos, d'un blanc jaunâtre sur le ventre.

Ce poisson atteint fréquemment 1 mètre de longueur, cependant la plupart des échantillons pêchés à Tibériade ne dépassent guère 40 à 50 centimètres.

Habitat. — Le *Clarias macracanthus* est très commun dans le lac de Tibériade où il atteint de grandes dimensions. Je l'ai pêché aussi à Ain el-Moundawara, à Ain et-Tin, à Ain et-Tabigah, dans l'estuaire du Jourdain, au nord du lac. Il est encore plus commun dans le lac Houlèh, où il séjourne surtout au milieu des rhizomes de papyrus et des nympheas. C'est un animal qui vit dans la vase et dont la chair assez bonne se rapproche de celle de l'anguille.

Nom arabe. — Ce poisson est appelé *Barbour* par les pêcheurs de Tibériade et les arabes Ghawarinèhs du lac Houlèh.

Observations. — Le *Clarias macracanthus* est évidemment le poisson que l'historien Flavius Josèphe appelle le *Coracinus*, et qu'il prétend venir du Nil par des communications souterraines, jusque dans la source de Capharnahum, sur les bords du lac de Tibériade.

Le *Clarias macracanthus* ressemble, en effet, beaucoup au *Clarias anguillaris* d'Égypte. On s'est appuyé sur la présence de ce silure dans la fontaine appelée Ain el-Moundawara, située au milieu de la plaine de Gennézareth, pour affirmer que cette source était bien celle de Capharnahum signalée par Josèphe. Cette prétendue preuve ne peut avoir aujourd'hui aucune espèce de valeur, car j'ai pêché le *Clarias macracanthus*, non pas seulement à Ain el-Moundawara, mais encore à Ain et-Tin, à Ain et-Tabigah et sur toutes les rives vaseuses et herbeuses du lac de Tibériade, ainsi que dans le lac Houlèh, où cette espèce excessivement commune devient gigantesque.

La fontaine Ain el-Moundawara, qui jaillit au fond d'un bassin circulaire entouré de maçonnerie et qui n'a environ que 30 mètres de diamètre, nourrit cependant d'énormes Clarias qui se cachent entre les herbes, les pierres et sous les racines des arbres qui forment un épais fourré autour du réservoir. Les Arabes de mon escorte en ont pris avec la main, devant moi, plusieurs individus qui avaient plus de 1 mètre de longueur et qui se débattaient avec fureur sur l'herbe en miaulant de la façon la plus étrange.

Ce poisson, comme la plupart de ses congénères peut vivre fort longtemps hors de son élément naturel. J'en ai conservé pendant plusieurs jours, dans des caisses, sans eau ni herbes humides.

Les Clarias, ainsi que la plupart des espèces de Siluridées ont la singulière faculté, lorsqu'ils sont hors de l'eau, si on les prend avec la main ou si on les excite avec un bâton, de pousser des cris qui ressemblent aux miaulements d'un chat en colère. Ces cris très forts, me paraissent provenir de la contraction de la vessie natatoire qui remplit chez ces poissons le rôle des poumons rudimentaires des Dipneustes. Ainsi que j'ai pu m'en assurer sur le vivant, l'air pénètre facilement dans la vessie natatoire qui peut remplir les fonctions d'un véritable poumon et permettre à l'animal de respirer pendant plusieurs jours l'air libre. Les Siluridées, comme les Dipneustes, sont exposés à séjourner longtemps dans des vases à moitié desséchées; ainsi peut s'expliquer la modification profonde que subit leur appareil respiratoire, qui s'adapte aux différents milieux qu'habite l'animal.

Les cris bizarres des Clarias n'ont pas encore été signalés, que je sache. Toutes les espèces de la famille des Siluridées jouissent très probablement de la faculté singulière de pouvoir émettre des sons. M. le docteur Tirant, administrateur des affaires indigènes, zoologiste distingué, m'a affirmé qu'en Cochinchine, où les poissons de ce type sont très nombreux, toutes les espèces, même les très petites, poussent des cris très forts lorsqu'on les tire hors de l'eau.

FAMILLE DES CYPRINIDÆ

Genre DISCOGNATHUS

DISCOGNATHUS LAMTA, GÜNTHER

Pl. XVI, fig. 4 et 5.

Discognathus lamta, GÜNTHER, *Catalogue of the Fishes*, vol. VII, p. 69.

D. 11. A. 8. V. 8. P. 13.

Ligne latérale, 35; ligne transversale, 5.

La tête est petite, mais épaisse; sa largeur égale les trois quarts de sa longueur; elle est comprise quatre fois trois quarts dans la longueur totale, sans la caudale. La hauteur du corps est plus grande que la longueur de la tête. Les lèvres, très épaisses, forment un disque charnu, lorsque la bouche est ouverte; la lèvre inférieure est ondulée; la supérieure porte quatre barbillons. L'œil, petit, a un diamètre égal au cinquième environ de la longueur de la tête, il est plus rapproché du bord de l'opercule que de l'extrémité du museau. L'ouverture des narines est en avant de l'œil, un peu plus près de l'orbite que du bout du museau. Celui-ci est pourvu de glandes volumineuses irrégulièrement placées. La dorsale, très haute, est plus près du museau que de la naissance de la caudale. Les cinquième, sixième, septième, huitième et neuvième rayons présentent à leur base un point coloré en noir intense. La caudale, longue, est terminée par une échancrure formant un angle droit ; les rayons sont tachetés de points bruns. La pectorale, large, arrondie à son bord supérieur, anguleuse à son bord inférieur, atteint la huitième série d'écailles de la ligne latérale et la ligne transversale. La ventrale prend naissance au niveau du cinquième rayon de la dorsale. L'anale, étroite, prend naissance en arrière des deux séries d'écailles placées après l'ouverture anale. Les écailles sont grandes et à peu près d'égales dimensions, sauf celles qui sont placées en avant des pectorales.

Ce poisson ne dépasse pas 15 à 20 centimètres. Le dos est d'un brun verdâtre, la région abdominale d'un jaune d'or. Les nageoires sont jaunes, sauf la caudale, qui est d'un gris foncé à l'extrémité.

Habitat. — L'Oronte, à Hammah, le lac d'Antioche (Janowski); le Nahrel-Kara, près d'Antioche; Alep; le lac de Tibériade; le Nahr el-Arab, entre Lattaquièh et Tripoli.

Observation. — L'aire de dispersion de cette espèce paraît des plus étendues. Le *Discognathus lamta*, ou les formes qui peuvent s'y rattacher étroitement, se trouvent depuis la Syrie jusque dans les parties les plus reculées de l'Asie orientale.

Genre CAPOETA

1° CAPOETA SAUVAGEI, Lortet

Pl. XIII, fig. 2.

D. 9. A. 7. V. 5. P. 15.

Ligne latérale, 33.

La hauteur de la tête est moindre que celle du corps ; elle est contenue quatre fois dans la longueur totale, sans la caudale. La bouche, petite, est protractyle avec deux barbillons ayant une longueur égale au diamètre de l'œil. Celui-ci, petit, est un peu plus près de l'extrémité du museau que du bord de l'opercule. Les ouvertures des narines sont au même niveau que le bord supérieur de l'orbite. L'origine de la dorsale est à égale distance de l'extrémité du museau et de la naissance de la caudale; elle est haute, étroite, terminée par un bord convexe. La caudale, longue, étalée, est peu profondément échancrée. La pectorale courte n'atteint pas la base de la ventrale. Celle-ci commence au-dessous du bord antérieur de la dorsale; elle est longue et convexe. L'anale prend naissance deux séries d'écailles après l'ouverture anale; elle est terminée par un bord convexe. Les écailles latérales sont grandes et ornées de stries très saillantes. Ces écailles présentent des reflets fortement dorés. Les siphons des écailles de la ligne latérale disparaissent, après la septième, au-dessus et en arrière de l'extrémité de la pectorale.

Cette espèce ne dépasse pas 10 centimètres depuis le museau jusqu'à l'extrémité de la caudale. Lorsqu'elle est vivante, elle présente dans la région dorsale une coloration d'un bleu vif tout à fait caractéristique; le ventre est d'un jaune doré, les joues sont d'un vert éclatant. Les nageoires sont d'un jaune argenté.

Habitat. — Je n'ai rencontré cette espèce que dans le lac de Tibériade. Elle est évidemment très rare, et nous n'avons pu l'obtenir que lorsque nos filets ont été plongés à une grande profondeur.

Nos pêcheurs ne connaissaient point ce poisson.

Observation. — Le *Capoeta Sauvagei* présente quelques caractères qui le rapprochent du *Capoeta Dillonii*, Cuv. et Val., originaire d'Abyssinie; mais la présence des deux barbillons très allongés ne permet cependant pas de la rapporter à cette dernière espèce.

2° CAPOETA SYRIACA, Günther

Pl. XIV.

Capoeta Syriaca, Günther, *Catalogue of the Fishes*, vol. VII, p. 81.
Chrondrostomo Syriacum, Cuvier et Valenciennes, *Histoire naturelle des poissons*, vol. XVII, p. 407 et Atlas, pl. 514.

D. 12. A. 7. V. 10. P. 18.
Ligne latérale, 72 à 80.

La tête, très petite, mesure environ les deux tiers de la hauteur du corps; elle est contenue cinq fois dans la longueur totale, sans la caudale. La hauteur de la tête égale la moitié de celle du corps. Le diamètre de l'œil qui est petit, égale environ le sixième de la longueur de la tête. L'orbite est placé à un diamètre du bord du préopercule et bien plus rapproché de l'extrémité du museau que du bord postérieur de l'opercule. Celui-ci est terminé par un angle qui vient toucher la racine de la pectorale; son bord inférieur est très arrondi. L'ouverture des narines est plus élevée que le bord supérieur de l'orbite. La longueur des barbillons est un peu moindre et quelquefois égale au diamètre de l'œil. La dorsale, haute, est plus près de l'extrémité du museau que de la racine de la caudale. Le troisième rayon osseux est dentelé à sa base jusqu'aux deux cinquièmes de sa hauteur ; l'extrémité en est très aiguë et résistante. Les rayons mous sont divisés jusqu'au milieu de leur longueur. La caudale est longue, très profondément bifide, à échancrure formant un angle très obtus. La pectorale atteint la vingt-deuxième écaille de la ligne latérale ; elle est large à sa racine et terminée par une pointe aiguë. La ventrale a son origine au-dessous du milieu de la dorsale ; elle est comprise tout entière dans l'espace qui sépare le septième et le dixième rayon de la dorsale. L'anale est longue, son extrémité atteint presque la racine de la caudale. Les écailles très petites, en avant, sont plus grandes et arrondies vers la caudale. Celles de la région abdominale sont beaucoup plus petites et plus minces que celles des flancs.

L'abdomen est toujours très flasque et pendant.

Ce poisson atteint une taille assez considérable ; j'en ai vu beaucoup mesurant 50 centimètres de l'extrémité du museau au bout de la caudale. Le plus souvent, cependant, il n'a que 25 à 30 centimètres de longueur.

Le front est d'un beau vert foncé, le dos verdâtre argenté ; la ligne latérale est rose claire, la partie antérieure de l'abdomen argentée, la partie postérieure d'un beau jaune d'or. L'opercule est argenté. Les nageoires dorsales, pectorales et caudales sont vertes, l'ánale et la ventrale jaunes.

Habitat. — Cette espèce est assez commune dans le lac de Tibériade. Je l'ai aussi rencontrée dans le Jourdain au gué des Pèlerins, et à Semak, au point d'émergence du fleuve, au sud de Tibériade.

L'échantillon type, décrit par Cuvier et Valenciennes, provient de la rivière d'Abraham, dans la péninsule du Sinaï. M. Chantre l'a rapportée de Birejik, en Mésopotamie, où elle se trouve dans le Tigre.

Nom arabe. — Les pêcheurs de Tibériade confondent sous le nom de *Hefafi* toutes les espèces de Capoeta. La chair de cette espèce est molle et peu agréable au goût.

3° CAPOETA FRATERCULA, Günther

Pl. XV, fig. 1.

Capoeta fratercula, Günther : *Catalogue of the Fishes*, vol. VII, p. 79.
Scaphiodon fratercula, Heckel, *Fische Syriens*, p. 69 ; Atlas, pl. V, fig. 2.

D. 13. A. 8. V. 9. P. 17
Ligne latérale, 70-72 ; ligne transversale, 13.

La longueur de la tête est moindre que la hauteur du corps ; elle est contenue quatre fois trois quarts dans la longueur totale, sans la caudale. L'œil est assez grand, son diamètre égale un cinquième environ de la longueur de la tête ; il est placé plus près de l'extrémité du museau que du bord postérieur de l'opercule. Le museau est obtus, très arrondi ; la bouche est assez petite ; les deux barbillons longs et fins. La dorsale naît plus près du museau que de la racine de la caudale. La pectorale, large, atteint la ving-troisième écaille de la ligne latérale. La ventrale commence au-dessous du treizième rayon mou de la dorsale ; son extrémité divise l'espace compris entre la ventrale et l'anale en deux parties à peu près égales. L'anale est étroite et terminée par une extrémité arrondie. La caudale, grande, est fortement échancrée.

Ce poisson dépasse rarement 20 centimètres de longueur y compris la caudale. Il est argenté avec des reflets brunâtres et bleuâtres sur le dos, jaunes dorés dans la région abdominale. Les nageoires sont jaunâtres, terminées par des teintes grises.

Habitat. — M. Blanche, consul de France à Tripoli, a eu l'obligeance de faire pêcher pour moi cette espèce dans la plupart des cours d'eau torrentueux des environs de Tripoli : Nahr Bahsas, Nahr el-Minié, Nahr Kadischa, Nahr el-Bared, Ain Aslane et Nahr Raschein affluents de la Kadischa. Je l'ai trouvé dans le torrent Barada, à Damas même, et bien plus haut dans les montagnes, à Souk wady Barada.

Au nord de Tripoli, non loin de la route qui suit le rivage, se trouvent les ruines d'une mosquée célèbre et la tombe du Cheik el Beddaoui, tout près d'une belle source jaillissant dans un bassin carré. Cette eau fort limpide sert de retraite à un très grand nombre de poissons argentés considérés par les Arabes et les Turcs comme des animaux sacrés. Il est absolument interdit de les pêcher, et les dévots de l'islam les nourrissent avec le plus grand soin. Grâce à l'obligeance extrême de M. Blanche, j'ai pu me procurer quelques-uns de ces poissons, regardés jusqu'à présent comme des truites par les Européens établis dans la contrée. Cette espèce est le *Capoeta fratercula*, se rencontrant aussi dans toutes les rivières voisines qui descendent des hautes sommités du Liban pour se préciter dans la mer, non loin de Tripoli.

La coutume de regarder comme *sacrées* certaines espèces de poissons est chose commune en Syrie en en Mésopotamie. C'est évidemment un reste de l'ancien culte rendu au dieu Dagon, le dieu Poisson des Assyriens, comme le prouvent de nombreux cylindres gravés que j'ai rapportés de Tripoli même.

Sur la route de Safed à Banias, à une altitude de 363 mètres, se trouve le joli village de Deichoun, habité par les Algériens qui ont suivi Abd el-Kader dans son exil. Au milieu d'une petite place ombragée d'arbres magnifiques, coule une belle source dans laquelle nagent de nombreux et beaux poissons appartenant à l'espèce *Capoeta fratercula*. Les Arabes qui nous entouraient, de vrais Algériens à jambes nues et à burnous blancs, ne me permirent pas d'en prendre pour notre collection. Le vieux cheik de Deichoun qui fumait sous un figuier, à nos pressantes instances, me répondit avec une gravité imperturbable que ces poissons étaient consacrés à Mahomet, et que de leur existence dépendaient la prospérité du village et le bonheur de ses habitants. Ces animaux étaient si peu farouches qu'on aurait pu les prendre avec la main.

La persistance de ce fétichisme dans ces montagnes desséchées est un fait extrêmement remarquable. Le culte du dieu Dagon, très répandu chez les anciens peuples de la Syrie, paraît avoir été apporté de la Mésopotamie par les Assyriens, dont les prêtres, dans certaines cérémonies, se couvraient la tête et le dos d'une espèce de capuchon formé par la peau d'un très gros barbeau, long de près de 1 m. 50 et que l'on pêche en très grande quantité dans les eaux du Tigre et de l'Euphrate.

De nos jours encore, quelques peuplades de la Chine se servent de tuniques faites en peaux de poissons encore pourvues de leurs écailles. Le singulier manteau des prêtres du dieu Dagon vient donc peut-être de l'Asie centrale.

Nom arabe. *Samak nahri*, poisson de rivière (M. Blanche.)

Observations. — Cette espèce fréquente surtout les eaux fraîches des montagnes. A certaines époques de l'année, comme le font les truites et les saumons, elle remonte les cascades. Quelquefois elle s'élance dans les chutes d'eau de 1 à 2 mètres de hauteur, et M. Blanche a vu les pêcheurs du Liban profiter de ces sauts pour les saisir en quelque sorte au vol avec de petits filets, en forme de poche, et fixés à de longs manches.

Sa chair, ferme, est presque aussi délicate que celle des truites des torrents de nos Alpes d'Europe. Dans les hautes vallées du Liban, sa chair prend une teinte saumonée très marquée.

4° CAPOETA AMIR, Günther

Pl. XV, fig. 2.

Capoeta amir, Günther, *Catalogue of the Fishes*, vol. VII, p. 79.
Scaphiodon amir, Heckel, *Fische Syriens*, p. 150.

D. 12. A. 8. V. 10 P. 14.
Ligne latérale, 72 ; ligne transversale, 13.

La tête est petite ; sa longueur est moindre que la hauteur du corps ; elle est comprise presque cinq fois dans la longueur totale, sans la caudale. Les yeux sont grands et ont un diamètre égal à un quart de la longueur de la tête. L'origine de la dorsale est en avant de la ventrale; elle est plus près de l'extrémité du museau que de la racine de la caudale. Cette nageoire est haute, les rayons sont écartés les uns des autres. Le troisième rayon osseux est long, mais faible; il est dentelé en arrière presque jusqu'au sommet. La caudale, longue, très étalée est fortement échancrée; l'échancrure forme un angle très obtus. La pectorale, pointue, se termine sur la ligne transversale. L'extrémité antérieure de la ventrale, lorsqu'elle est relevée contre le corps, se trouve à égale distance entre la naissance de cette même ventrale et l'origine de l'anale. Les écailles, très petites en avant, sont légèrement plus grandes en arrière ; celles de l'abdomen sont très petites.

Ce poisson ne dépasse par 15 centimètres depuis le museau jusqu'à l'extrémité de la caudale; il est d'un gris foncé sur le dos, plus pâle sur les flancs et très argenté dans la région abdominale. Les nageoires sont d'un jaune clair.

HABITAT. — Nahr el-Kara ou Kara-sou, rivière qui se jette au nord du lac d'Antioche.

5° CAPOETA SOCIALIS, HECKEL

Pl. XV, fig. 3

Scaphiodon Socialis, HECKEL, *Fische Syriens*, p. 115 et Atlas, pl. XV, fig. 2.
Capoeta damascina, GÜNTHER, *Catalogue of the Fishes*, vol. VII, p. 77.

D. 12. A. 8-9. V. 10. P. 16
Ligne latérale, 67 ; ligne transversale, 14.

La tête est très petite, tandis que le corps est, au contraire, très allongé. La longueur de la tête est comprise cinq fois dans la longueur totale du corps, sans la caudale; l'œil, petit, est situé plus près de l'extrémité du museau que du bord de l'opercule. L'ouverture des ouïes est grande, l'opercule très arrondi. La nageoire dorsale très haute est placée un peu plus près de l'extrémité du museau que de la racine de la caudale. Le troisième rayon osseux assez faible est dentelé jusqu'aux trois quarts de sa hauteur. La caudale, aussi longue que la tête, présente une échancrure profonde formant presque un angle droit. La pectorale, arrondie au bord inférieur, ne dépasse pas la dix-neuvième écaille de la ligne latérale. La ventrale commence au-dessous du premier rayon mou de la dorsale, elle est large et anguleuse. L'anale est longue, les rayons en sont espacés et forts; lorsqu'elle est rabattue contre le corps elle n'atteint pas la racine de la caudale. Les écailles sont petites, surtout celles qui sont placées en avant et au-dessous de la pectorale.

Ce poisson atteint une longueur de 25 à 30 centimètres. La coloration est verdâtre clair sur le dos et argentée sur la région abdominale. La tête a des reflets fortement dorés. Les nageoires sont d'un gris argenté.

HABITAT. — Cette espèce est très commune dans le lac de Tibériade et dans le Jourdain, depuis le lac Houlèh jusqu'à l'embouchure du fleuve dans la mer Morte. M. Blanche me l'a aussi envoyée du Nahr Bahsas.

6 CAPOETA DAMASCINA, GÜNTHER

Pl. XVI, fig. 1.

Capoeta Damascina, GÜNTHER, *Catalogue of the Fishes*, vol. VII, p. 77.
Gobio Damascinus, CUVIER et VALENCIENNES, *Histoire naturelle des poissons*, t. XVI, p. 314, et atlas, pl. 482.
Scaphiodon Capoeta, HECKEL, *Fische Syriens*, p. 67, et atlas, pl. 5. fig. 1.

D. 11, A. 8. V. 12 P. 21
Ligne latérale, 76.

La tête est courte, moindre que la hauteur du corps ; elle est comprise quatre fois et demie dans la longueur totale, sans la caudale. L'œil est grand ; il a un diamètre égal au quart de la longueur de la tête ; il est placé un peu plus près du bout du museau que du bord operculaire. Le bord du préopercule est plissé. La ligne dorsale s'élève fortement depuis l'extrémité du museau jusqu'à la naissance de la dorsale et redescend ensuite, selon une pente à peu près égale à la première, jurqu'à la racine de la caudale. La naissance de la dorsale est à égale distance de l'extrémité du museau et de la racine de la caudale. La troisième épine osseuse est forte et dentelée en arrière. Cette dentelure ne commence qu'à 3 ou 4 millimètres de la pointe. Les côtés de cette épine sont lisses. La caudale est très grande, et plus longue que la tête ; son échancrure profonde forme un angle droit. La pectorale, petite, se termine en pointe aiguë. La ventrale disposée en éventail triangulaire atteint, lorsqu'on la relève contre l'abdomen, le milieu de la distance comprise entre la naissance de la ventrale et la fin de l'anale. Celle-ci, étroite et longue, arrive, lorsqu'on la relève, jusqu'aux premiers rayons inférieurs de la caudale.

Les écailles sont très petites surtout celles de la région abdominale antérieure.

Ce poisson atteint ordinairement une longueur de 30 à 35 centimètres depuis l'extrémité de la caudale jusqu'au bout du museau.

La coloration est d'un brun verdâtre assez foncé sur le dos, argentée jaunâtre à l'abdomen, dorée sur les joues. Les barbillons sont en général plus longs que que le diamètre oculaire.

HABITAT. — Ce poisson est excessivement commun en Syrie. On le trouve dans le lac d'Antioche, dans l'Oronte ; dans le Nahr Rascheïn et le Nahr Kadischa, près de Tripoli ; dans le torrent Barada, à Damas, et dans les lacs situés à l'est de cette ville. Dans le Nahr Hasbany, près de Hasbeya, et enfin dans le lac de Tibériade, à Aïn et-Tin, Aïn el-Moundawara, etc. ; dans le Jourdain depuis le lac Houlèh jusqu'à la mer Morte.

Le frère Liévin m'en a envoyé de nombreux échantillons pris dans les ruisseaux, et des sources qui aboutissent au Jourdain, près de Jéricho : Nahr el-Kelt, Aïn Douk, Aïn Soulthan, Aïn Gara. Dans le Jourdain, cette espèce descend jusqu'à l'endroit où les eaux commencent à devenir saumâtres par suite du mélange avec celles de la mer Morte. On trouve encore cette espèce dans le Khison, près du mont Carmel, à Rabbat Ammon et à Kulat el-Kurn (R[d] Tristram).

Genre BARBUS

1° BARBUS CANIS, Cuvier et Valenciennes

Pl. XII, fig. 1.

Barbus Canis, Cuvier et Valenciennes, *Histoire naturelle des poissons*, vol. XVI, p. 186.
Günther, *Catalogue of the Fishes*, vol. VII, p. 109.

D. 13. A. 8. V. 10. P. 15
Ligne latérale, 33

La longueur de la tête est comprise trois fois trois quarts, dans la longueur totale du corps, sans la caudale. Un développement considérable de l'abdomen toujours flasque et mou rend la hauteur du corps souvent plus considérable que la longueur de la tête. La bouche grande, s'étend jusqu'au-dessous du préorbital. Les barbillons supérieurs sont très courts, presque à l'état rudimentaire. Les inférieurs, peu développés aussi, ont cependant encore 1 centimètre de longueur, et apparaissent toujours très distinctement de chaque côté de la bouche.

L'œil est petit, plus près de l'extrémité du museau que du rebord operculaire ; son diamètre est environ un sixième de la longueur de la tête. Le rebord droit du préopercule égale le tiers de la longueur de la tête. Le rebord nu de l'opercule est bordé par une membrane molle qui recouvre les premières grandes écailles latérales. La partie antérieure de la nageoire dorsale est plus rapprochée de la caudale que de l'extrémité du museau. Cette nageoire est haute ; son troisième rayon osseux, le plus grand et le plus fort, se termine par une pointe molle. Les bords postérieurs de cette épine sont tranchants. La caudale, longue, est très échancrée; les côtés de l'échancrure mesurent environ les deux tiers de la longueur supérieure ou inférieure de la nageoire. La pectorale, courte, est terminée par un angle aigu; sa base est arrondie. La ventrale est épaisse, en forme d'éventail, plus longue en avant qu'en arrière. L'anale, très développée, atteint la naissance de la caudale lorsqu'on la replie contre le corps.

Cette espèce atteint souvent 40 centimètres de longueur avec la caudale.

La flaccidité des parois abdominales, toujours molles et plissées, permet de le reconnaître avec la plus grande facilité.

Ce poisson est bleuâtre argenté sur le dos, argenté très clair sur le ventre. Le front est verdâtre, la gorge argentée. Les nageoires sont toutes d'un jaune verdâtre très clair.

Dès que ce *Barbus* a été retiré de l'eau et qu'il est mort, la bouche reste toujours grandement ouverte, ce seul caractère suffit pour le distinguer même de loin de toutes les autres espèces.

Habitat. — Le *Barbus Canis* est très commun dans le lac de Tibériade ; on peut en prendre un nombre prodigieux en quelques coups de filet. Je l'ai aussi trouvé à Ain el-Moundawara et dans le lac de Houlèh. M. Janowski, de Lattaquièh, me l'a envoyé du lac d'Antioche. Dans le Jourdain, le *Barbus Canis* descend très bas jusqu'à l'endroit où se fait sentir l'influence des eaux salines de la mer Morte. Au contact des eaux saumâtres, ce poisson périt avec une grande rapidité, aussi en voit-on toujours une prodigieuse quantité se putréfiant sur la vase des rives et des ilots.

Nom arabe. — Le voyageur botaniste Bové a entendu les hommes de son escorte le nommer *el Kelb*, le chien. Mes pêcheurs de Tibériade, qui le connaissent très bien, l'ont toujours appelé devant moi *el Karsin*.

La chair de ce barbeau est inférieure à celle des autres espèces du lac, elle est molle avec un goût de vase très prononcé; aussi les pêcheurs le rejettent-ils souvent à l'eau.

Le nom de *Karsin* ne doit point faire confondre cette espèce avec une autre qui se trouve à Alep et à Hammah, et que Heckel a nommée *Barbus Kersin*.

2° BARBUS LONGICEPS, Cuvier et Valenciennes

Pl. XIII, fig. 1.

Barbus longiceps, Cuvier et Valenciennes, *Histoire naturelle des poissons*, vol. XVI, p. 179 et Atlas, pl. 467.
Günther, *Catalogue of Fishes*, vol. VII, p. 91.

D. 12. A. 8. V. 9. P. 18
Ligne latérale, 54 ; ligne transversale, 11

La tête est très allongée ; sa longueur est plus grande que la hauteur du corps ; elle est comprise trois fois et demie dans la longueur totale, sans la caudale. La bouche, grande, présente quatre barbillons longs et gros fixés à la mâchoire supérieure ; les lèvres sont charnues et très développées ; la supérieure dépasse de beaucoup l'inférieure. L'œil est assez petit, son diamètre est environ le huitième de la longueur de la tête. Il est placé plus près de l'extrémité du museau que de l'angle operculaire, mais il est bien plus près du préopercule que du museau. Les narines sont grandes, en avant de l'œil et plus près de lui que de l'extrémité du museau. L'ouverture des ouïes est très grande. L'origine de la dorsale est juste au-dessus de la naissance de la ventrale et plus près de la racine de la caudale que de l'extrémité du museau. Les deux premiers rayons sont appliqués contre le troisième, très fort dépassant légèrement en hauteur les rayons mous et armé de deux séries de dents qui vont de sa base aux quatre cinquièmes de sa hauteur. Les faces latérales de ce rayon sont unies. Les rayons mous de cette nageoire sont très espacés et très résistants. La caudale, longue, est fortement échancrée. La pectorale, courte, n'atteint pas à beaucoup près la base de la ventrale. Celle-ci arrive jusqu'à la troisième série d'écailles avant l'ouverture anale. La ventrale naît en arrière de la dorsale. L'anale est longue, ses rayons sont très espacés et forts ; son extrémité n'arrive pas jusqu'à la racine de la caudale.

Ce poisson atteint rarement 45 centimètres de longueur, la plupart des échantillons pêchés par moi n'avaient que 30 à 35 centimètres. Il est argenté, verdâtre sur le dos et argenté dans la région abdominale ; les joues sont argentées bleuâtres. Toutes les nageoires sont d'un gris légèrement verdâtre.

Cette espèce, mise dans l'alcool, devient généralement, après un certain temps, d'un noir violacé tout à fait spécial. Les écailles latérales sont grandes ; celles placées entre la pectorale et la ventrale sont petites, et celles placés entre la pectorale et les ouïes sont encore beaucoup moindres.

Habitat. — Ce poisson est extrêmement abondant dans le lac de Tibériade, où l'on peut en prendre un nombre prodigieux en quelques coups de filets.

Je ne l'ai pas trouvé dans le lac Houlèh. Dans le Jourdain, le *Barbus longiceps* est commun à partir du lac de Tibériade jusqu'à l'embouchure du fleuve près de la mer Morte; mais, dans les eaux courantes, il atteint une taille infiniment moins considérable que dans le lac. Il résiste pendant longtemps aux influences des eaux salées, aussi le rencontre-t-on encore en très grande quantité à l'embouchure du Jourdain à 35° 48′ 30″ long. Est, et 31° 46′ lat. Nord, dans une eau fortement saumâtre qui fait rapidement périr toutes les autres espèces du fleuve. Les individus de cette dernière localité m'ont été envoyés par le frère Liévin.

Nom arabe. — Dans l'histoire naturelle des Poissons, Cuvier et Valenciennes disent que Bové a entendu appeler cette espèce *Abou Bousih*. Jamais ce nom n'a été prononcé devant moi par les pêcheurs de Tibériade; mais tous, au contraire, se sont accordés à nommer *Escheri* ce poisson très remarquable et très facile à reconnaître.

La chair en est bonne, et on en fait un grand usage dans la petite ville de Tibériade et dans les villages voisins.

Genre PHOXINELLUS

1° PHOXINELLUS LIBANI, Lortet

Pl. XI, fig. 4.

D. 11. A. 9. V. 8. P. 14

Ligne latérale, 48.

La longueur de la tête égale la hauteur du corps; elle est contenue quatre fois dans la longueur totale, sans le caudale. La bouche est grande et protractyle. L'œil, petit, est plus près du bout du museau que du rebord de l'opercule; son diamètre égale le cinquième de la longueur de la tête. Le museau est obtus et arrondi en avant de l'œil. La dorsale est étroite et haute; elle est plus rapprochée de la naissance de la caudale que de l'extrémité du museau. La caudale est longue; son bord postérieur forme une échancrure concave arrondie. La pectorale est courte et basse, terminée par une pointe peu aiguë[1].

La ventrale commence au-dessous de la naissance de la dorsale; elle est arrondie en arrière. L'anale située immédiatement en arrière de l'orifice anal est courte et presque rectangulaire.

[1] C'est par erreur que le dessinateur a représenté cette nageoire terminée par une extrémité aiguë.

Ce poisson atteint quelquefois 6 centimètres 1/2 de longueur, mais la plupart des milliers d'échantillons que j'ai eus entre les mains ne dépassent pas 4 à 5 centimètres, y compris la caudale.

Le dos est d'un brun foncé presque bleu. Une bande d'un bleu ardoisé prend naissance en arrière de l'opercule, et se continue en ligne droite, au-dessus de la ligne latérale, jusqu'à la naissance de la caudale. La partie du corps placée au-dessous de cette ligne est argentée et rosée.

Les nageoires sont jaunes et le front bleuâtre.

Les dents pharyngiennes sont au nombre de 9 (5 + 4).

Les narines sont très grandes, placées au sommet de deux mamelons coniques très saillants, chargés de granulations pigmentaires très noires.

Habitat. — Cette charmante petite espèce se trouve en quantité innombrable dans le lac alpestre de Yammouni situé à l'altitude de 1.650 mètres, sur le versant sud du Liban, entre Afka et la plaine de Ba'albek. Lorsque le lac Yammouni se vide par un écoulement intermittent qui a lieu chaque année à la même époque, les *Phoxinellus Libani* se réunissent dans les ruisseaux d'alentour et dans le réservoir central qui reste toujours rempli d'une eau limpide. Là, les habitants du petit hameau de Yammouni les pêchent par milliers de kilogrammes et les vendent dans les villages et les couvents du pays de Becharra, dans le Liban, à raison de 0 fr. 40 à 0 fr. 50 le *Battle* (cinq livres). Sa prodigieuse multiplication, dans l'espace de quelques mois, semblerait indiquer qu'il est le seul habitant des eaux du lac et qu'il n'a d'autres ennemis que l'homme.

2° PHOXINELLUS ZEREGI, Heckel

Phoxinellus Zeregi, Heckel, *Fische Syriens*, p. 73, et Atlas, VI, fig. 3.
Leuciscus Zeregi, Günther, *Catalogue of the Fishes*, vol. VII, p. 220.

D. 10. A. 9. V. 7.
Ligne latérale, 57—63

Bouche placée très en avant; mâchoire supérieure recouvrant à peine la mâchoire inférieure; le corps est un peu comprimé, et sa hauteur est presque égale à la longueur de la tête, laquelle est égale à un quart de la longueur totale du corps, sans la caudale. Les flancs et le ventre sont argentés. Le long des côtés s'étend une bande bleuâtre. Dents des rateaux branchiaux très courtes et peu nombreuses.

Présence de pseudobranchies. Dents pharyngiennes 5 — 5, légèrement comprimées, uncinées.

Longueur : deux pouces et demi. (Günther. Ouvrage cité).

HABITAT. — Trouvé dans le lac de Tibériade par M. Th. W. Beddome.

Je n'ai jamais vu cette espèce dans le lac de Tibériade où j'ai cependant fait des pêches nombreuses dans deux voyages différents.

M. Günther la reçue aussi d'Alep.

Genre LEUCISCUS

1° LEUCISCUS TRICOLOR, LORTET

Pl. XII, fig. 2.

D. 10. A. 12. V. 8. P. 13

Ligne latérale, 60

La longueur de la tête égale la hauteur du corps ; elle est comprise trois fois et demie dans la longueur totale, sans la caudale. La bouche, moyenne, a une direction très oblique ; la mâchoire inférieure est projetée en avant de la supérieure. Les dents pharyngiennes sont au nombre de 5 — 5. L'œil est grand ; son diamètre dépasse le quart de la longueur de la tête. Il est placé à une distance égalant son diamètre, en arrière de l'extrémité du museau dont il est plus rapproché que de l'extrémité de l'opercule. Les dents pharyngiennes sont placées sur un seul rang ; elles sont minces, mais longues. La première est arrondie, et présente un léger crochet ; les quatre autres sont plus allongées, armées aussi d'une apophyse. En général, les premières ne sont point usées ; les deuxième et troisième, à cause de l'usure, ne montrent quelquefois plus leurs dentelures, tandis que les quatrièmes et cinquièmes les possèdent ordinairement intactes. La dorsale, très haute en avant, très basse en arrière, a son origine à égale distance entre l'extrémité du museau et la racine de la caudale. Celle-ci est profondément divisée. La pectorale, étroite et aiguë, atteint à peine la base de la ventrale. L'anale, dont la naissance est un peu en arrière du bord postérieur de la dorsale, est terminée suivant une ligne courbe concave. Les écailles sont petites ; celles de la ligne latérale et des flancs ont à peu près la même forme, seulement les premières sont un peu plus grandes que les secondes et presque rondes.

Les plus grands individus de cette espèce atteignent 8 centimètres 1/2 de longueur, la caudale comprise.

La coloration de ce poisson est très remarquable sur le vivant : le dos est d'un brun foncé tirant fortement sur le rouge. Une ligne ardoisée, d'un bleu de ciel chez les jeunes, suit le corps horizontalement le long de la ligne latérale, de l'opercule à l'origine de la caudale. Toute la partie du corps inférieure à cette ligne est d'un blanc rosé et nacré avec des reflets irisés superbes. Les nageoires sont d'un jaune argenté.

Habitat. — Les lacs à l'est de Damas, le Bahr Ateibèh, le Bahret el Hijanèh, le Baret Bâla et le Matkh Brâk.

Observations. — Cette espèce est très commune ; on la prend au printemps en grande quantité pour la vendre au marché de Damas. Je n'ai pu savoir son nom arabe.

2° LEUCISCUS LEPIDUS, Günter

Pl. XIII, fig. 3.

Leuciscus lepidus, Gunther, *Catalogue of Fishes*, vol. VII, p. 226.
Squalius lepidus, Heckel *Fische Syriens*, p. 89, et Atlas, pl. X, fig. 2.

D. 11. A. 13. V. 8. P. 14.
Ligne latérale, 48.

La longueur de la tête égale la hauteur du corps ; elle est comprise quatre fois dans la longueur totale, sans la caudale. La bouche, très grande, s'étend en arrière du préorbital ; elle est très protractyle, et lorsqu'elle est ouverte, la mâchoire inférieure dépasse notablement la supérieure. L'œil, grand, est plus près de l'extrémité du museau que du bord de l'opercule ; le bord du préopercule est plus près de l'œil que celui-ci de l'extrémité du museau. L'opercule est arrondi en arrière ; l'ouverture des ouïes est très grande. L'espace interorbitaire est égal au diamètre de l'œil. Les dents pharyngiennes placées sur deux rangs sont légèrement crochues et dentelées sur les bords ; la première ligne en compte cinq ; la seconde, un. L'origine de la dorsale est plus près de la racine de la caudale que de l'extrémité du museau. Cette nageoire est très haute en avant, basse en arrière. La caudale, courte, étroite, est profondément échancrée. La pectorale, courte et étroite, n'atteint pas la base de la ventrale. La ventrale arrondie arrive jusqu'à l'orifice anal. L'anale, très basse, prend naissance immédiatement après l'orifice anal et commence un peu en avant du bord postérieur de la dorsale. La ligne latérale, très inclinée au-dessus de la pectorale, remonte ensuite au-dessus de l'anale pour se terminer au milieu de la racine de la caudale.

Ce poisson atteint une longueur de 10 à 12 centimètres, lorsqu'il est adulte. Il est d'un brun bleuâtre sur le dos et argenté jaunâtre sur le ventre. Les nageoires antérieures sont argentées, la caudale d'un gris bleuâtre est terminée par une teinte noirâtre.

HABITAT. — Ce poisson a été découvert par le botaniste voyageur Kotschy dans le Tigre, près de Mossoul.

Je l'ai trouvé dans le Nahr el-Arab, près de Lattakièh, petite rivière qui forme la limite entre les populations turques, au nord, et les Arabes, au sud.

NOM ARABE. — Les habitants des bords du Tigre le connaissent sous le nom de *Baraan*.

Genre RHODEUS

RHODEUS SYRIACUS, LORTET

Pl. XII, fig. 3.

D. 10. A. 8. V. 7. P. 14.

Ligne latérale, 48-49.

La tête, petite, n'est égale qu'aux deux tiers de la hauteur du corps; sa longueur est comprise environ quatre fois dans la longueur totale, sans la caudale. La bouche est petite, à direction oblique ; la mâchoire inférieure dépasse légèrement la mâchoire supérieure. L'œil, grand, a un diamètre égal au quart de la longueur de la tête ; il est placé plus près de l'extrémité du museau que du bord de l'opercule. Les narines sont grandes et situées en avant et un peu au-dessus de l'œil. Les dents pharyngiennes sont au nombre de 5-4 ; elles sont disposées sur une seule rangée, courbées en forme de crochets et légèrement dentelées. La nageoire dorsale est étroite et haute; sa naissance est placée plus près de la racine de la caudale que de l'extrémité du museau. La caudale est courte, peu échancrée; son échancrure forme un angle très obtus. L'anal placée immédiatement après l'anus, prend naissance aux deux tiers de la longueur du corps, bien en arrière de la dorsale. Son bord postérieur est légèrement convexe.

La ventrale, très étroite, à bord postérieur convexe, est placée plus près de l'anale que de la pectorale; sa base se trouve en avant de la dorsale. La pectorale est large, mais courte ; repliée en avant, elle atteint l'angle de la bouche.

Ce poisson ne dépasse pas 9 1/2 centimètres. Il est coloré en jaune brun sur le dos; une bande bleue ardoisée va de la naissance de la ligne latérale à la racine de la caudale. L'abdomen est jaunâtre argenté. Les nageoires sont grisâtres.

Habitat. — Les lacs situés à l'est de Damas : Bahret el-Ateibèh, le Bahret el-Hidjanèh et le Bahret Bâla, d'où il m'a été envoyé par M. Savoye. Je l'ai aussi pêché en grand nombre dans la source de Ba'albek dans la Caelesyrie.

Genre ALBURNUS

1° ALBURNUS SELLAL, Heckel.

Pl. XVI, fig. 2.

Alburnus sellal, Heckel, *Fische Syriens*, p. 92, et Atlas, pl. XI, fig. 1. — Günther, *Catalogue of the Fishes*, vol. VII, p. 316.

D. 10. A. 15. V. 9. P. 14.
Ligne latérale, 70.

La longueur de la tête est légèrement plus courte que la hauteur du corps; elle est contenue quatre fois et un quart dans la longueur totale, sans la caudale. La bouche est petite et la mâchoire inférieure se cache sous la supérieure. L'œil est grand, son diamètre mesure un tiers de la longueur de la tête, il est plus près du bord du préopercule que de l'extrémité du museau. Les dents pharyngiennes, au nombre de 5-5 placées sur une seule ligne, crochues et légèrement dentelées. L'ouverture des ouïes est très grande. La distance inter-orbitaire égale le diamètre de l'œil. La naissance de la dorsale se trouve au point le plus élevé de la ligne dorsale; elle est à égale distance de l'extrémité du museau et de la naissance de la caudale; le dixième rayon égale le tiers du troisième.

La caudale, longue, profondément divisée, est échancrée à angle aigu. La pectorale, assez longue et large, atteint la quatrième série d'écailles avant la ventrale. Celle-ci est étroite et atteint, lorsqu'elle est relevée, l'orifice de l'anus. L'anale, large, mais très basse en arrière, se termine à égale distance de l'anus et de la racine de la caudale. Le dos, d'un brun rouge, présente une bande ardoisée au-dessus de la ligne latérale. L'abdomen, d'un blanc nacré, est recouvert d'écailles très petites. Les joues sont argentées, les nageoires d'un verdâtre argenté.

Ce poisson atteint en moyenne une longueur de 15 centimètres depuis le museau jusqu'à l'extrémité postérieure de la caudale.

Habitat. — Je l'ai pêché dans le lac de Tibériade, mais il est peu commun.

2° ALBURNUS VIGNONI, Lortet

Pl. XVI, fig. 3.

D. 9. A. 13. V. 8. P. 14.
Ligne latérale, 56.

La longueur de la tête est moindre que la hauteur du corps; elle est contenue trois fois et demie dans la longueur totale, sans la caudale. La bouche, de grandeur moyenne, a une direction très oblique; la mâchoire inférieure est légèrement protractyle. L'œil, grand, a un diamètre égal au quart de la longueur de la tête. Le bord de l'opercule est très large. L'ouverture des narines est saillante, placée près de l'œil. L'espace interorbitaire est égal à deux diamètres oculaires. Les dents pharyngiennes au nombre de 5-5 sont courbes à la pointe et présentent de légères dentelures. La dorsale, haute, prend naissance un peu en arrière de la ventrale; son origine est plus près de la racine de la caudale que de l'extrémité du museau. La caudale est très échancrée; l'échancrure fait un angle très obtus; la racine de la caudale est recouverte de petites écailles disposées au demi-cercle. La pectorale est longue, très arrondie à son bord inférieur. La ventrale est large, son bord postérieur est arrondi; elle est placée beaucoup plus près de l'anale que de la pectorale; son extrémité, lorsqu'on la relève, atteint l'orifice anal. L'anale est large et prend naissance en arrière de l'ouverture anale, sa base est d'un rouge très vif, tandis que le reste de sa surface est jaune clair. La pectorale et la ventrale présentent la même coloration. Les écailles des flancs sont larges, celles de l'abdomen très petites.

Le dos est bleu violacé à reflets métalliques, les parties latérales sont argentines et passent au jaune sous l'abdomen. Les écailles de la ligne latérale sont tigrées de points violets.

Ce poisson, y compris la caudale, a une longueur de 14 centimètres, son corps est haut, proportionnellement à sa longueur; cette hauteur et sa coloration très belles permettent de le reconnaître très facilement.

Habitat. — Cette espèce est commune dans les lacs à l'est de Damas: le Bahret Ateibeh, le Bahret el-Hidjanèh, etc.

Genre NEMACHILUS

1° NEMACHILUS LEONTINÆ, Lortet

Pl. XVIII, fig. 1.

D. 9. A. 7. V. 5. P. 11.

La tête, arrondie, est fortement relevée, ce qui donne à ce poisson un profil tout à fait bizarre. La longueur de la tête est à peu près égale à la hauteur du corps; elle est comprise quatre fois dans la longueur totale, sans la caudale. Le front est très bombé; la ligne du profil redescend vers la nuque pour se relever fortement jusqu'à l'origine de la dorsale. L'ouverture buccale est grande, pourvue de barbillons assez grands. Ceux qui sont insérés de chaque côté de la bouche sont le double plus longs que ceux de l'extrémité du museau. La tête présente un grand nombre de glandes disposées d'une façon symétrique et régulière :

Glandes	sous-orbitaires	au nombre de	8.
—	sus-orbitaires	—	6.
—	post-orbitaires	—	3.
—	occipitales	—	3.
—	latérales	—	22.

La rangée sous-orbitaire prend naissance derrière la seconde paire de barbillons et se termine en arrière de l'œil, à la jonction de la rangée sus-orbitaire ; la rangée post-orbitaire joint les deux précédentes à l'opercule; la rangée latérale en compte vingt-deux jusqu'au-dessous de la dorsale où elle se perd. La série occipitale réunit les deux rangées latérales.

La nageoire dorsale est arrondie et plus rapprochée de la caudale que de l'extrémité du museau. La caudale, longue, enveloppe en-dessous l'extrémité postérieure du corps: elle est tronquée et son bord forme une ligne légèrement concave. La pectorale est arrondie, élargie en éventail. La ventrale, étroite, est située au-dessous des troisième et cinquième rayons de la dorsale. L'anale est la nageoire la plus courte, sa longueur d'insertion égale la moitié de celle de la dorsale.

Ce petit poisson ne dépasse pas 8 centimètres depuis le museau jusqu'à l'extrémité de la caudale. Sa coloration est d'un gris cendré; la tête est recouverte d'une innombrable quantité de points bruns foncés. Le corps présente sur le dos et sur les flancs des granulations pigmentaires formant de grandes taches stelliformes. Les nageoires dorsales et anales sont aussi couvertes de taches brunes. Le dos est d'un brun clair légèrement verdâtre; l'abdomen argenté jaunâtre.

Habitat. — Cette espèce, qui n'est point commune, a été pêchée par moi dans le lac de Tibériade.

2° NEMACHILUS TIGRIS, Günther

Pl. XVIII, fig. 2.

Nemachilus tigris, Günther, *Catalogue of the Fishes*, vol. VII, p. 353.
Cobitis tigris, Heckel, *Fische Syriens*, p. 98, et Atlas, pl. XII. fig. 4.

D. 10. A. 7. V. 6. P. 10

Le corps est à peu près arrondi; la tête assez petite; sa longueur égale la hauteur du corps, et sa hauteur est les deux tiers environ de sa longueur; elle est contenue quatre fois trois quarts dans la longueur totale du corps, sans la caudale. La bouche est assez grande, et les barbillons ont une longueur à peu près uniforme. L'œil, petit, est placé à égale distance du bout du museau et du bord de l'opercule. La ligne dorsale est presque horizontale. La naissance de la dorsale est aussi près de l'extrémité du museau que de la racine de la caudale; sa longueur égale la tête. L'extrémité postérieure du corps, très haute, est enveloppée en dessus et en dessous par la racine de la caudale. Cette nageoire est longue et assez profondément échancrée. La pectorale, courte, mais large, est arrondie à son extrémité. La ventrale, longue, est placée au-dessous des deuxième et quatrième rayons de la dorsale. L'anale, haute et large en arrière, arrive jusqu'à la racine inférieure de la caudale.

Ce poisson atteint 9 centimètres depuis le museau jusqu'à l'extrémité postérieure de la caudale. Le tronc, très élargi à la partie postérieure, ne présente pas d'amincissement caudal comme la plupart des poissons.

La coloration est d'un gris cendré. Des taches brunes nombreuses recouvrent la tête. Les flancs et le dos sont maculés de bandes noirâtres qui sont aussi très marquées sous la caudale. La partie inférieure de l'abdomen est argentée jaunâtre.

Habitat. — Les lacs à l'est de Damas, le Bahret el Ateibèh, le Bahret el Hidjanèh, le Nahr Bashas, près de Tripoli, et le Raschein, affluent du Nahr Kadischa (M. Blanche).

Nom arabe. — Ce petit poisson est connu à Tripoli sous le nom de *el Jahoud*, le Juif (M. Blanche). La chair n'en est pas bonne, aussi la plupart du temps les pêcheurs le rejettent-ils de leurs filets.

3° NEMACHILUS GALILÆUS, GÜNTHER

Nemachilus Galilæus, GÜNTHER, *Catalogue of the Fishes*, vol. VII, p. 355.
Cobitis Galilæa, GÜNTHER, *Proceedings Zoolog. Society*, 1864, p. 493.

D. 12. A. 8. V. 7.

Peau sans écailles ; nageoire caudale tronquée ; l'origine de la dorsale est un peu plus rapprochée de l'extrémité du museau que de la racine de la caudale. La hauteur du corps est bien plus petite que la longueur de la tête qui est contenue cinq fois un quart dans la longueur totale, sans la caudale. Museau de longueur moyenne, un peu plus court que la partie post-orbitaire de la tête. Œil petit, pourvu d'une paupière circulaire libre ; diamètre orbitaire moins grand que l'espace interorbitaire. La longueur de la pectorale est plus considérable que la moitié de la distance qui sépare sa base de la nageoire ventrale. Le bord supérieur de la nageoire dorsale est droit, mais dirigé obliquement. Le corps est tigré de petits points bruns ; quatre bandes brunes sont disposées en travers du dos, et quatre en arrière de la nageoire dorsale. La longueur totale est de trois pouces (Günther).

HABITAT. — M. Beddome a pris cette espèce dans le lac de Tibériade. Je n'ai pas eu la chance de la rencontrer.

4° NEMACHILUS INSIGNIS, GÜNTHER

Nemachilus insignis, GÜNTHER, *Catalogue of the Fishes*, vol. VII, p. 359.
Cobitis insignis, HECKEL, *Fische Syriens*, p. 97, et atlas, pl. 12. fig. 3.

D. 10. A. 7. V. 7.

Nageoire caudale manifestement émarginée ; l'origine de la nageoire dorsale est placée au milieu de la distance qui sépare l'extrémité du museau de la racine de la caudale. La hauteur du corps est notablement moins grande que la longueur de la tête, laquelle est égale au cinquième de la longueur totale, sans la caudale. La hauteur de la partie libre de la queue égale la moitié de sa longueur. Museau proéminent, plutôt effilé ; sa longueur est égale à celle de la partie post-orbitaire de la tête. Œil de grandeur médiocre, son diamètre étant un peu plus petit que la longueur de l'espace interorbitaire. La longueur de la pectorale est un peu plus grande que la moitié de la distance qui sépare sa base de la ventrale. Le bord supérieur de la dorsale est droit, mais dirigé obliquement. Corps tigré de noir, et taches formant des bandes irrégulières en travers du dos et de la queue (Günther).

HABITAT. — Les ruisseaux qui se jettent dans la mer Morte à son extrémité nord ; une source voisine du puits de Jacob, près de Naplouse (R[d] Tristram). J'ai pris cette espèce au Nahr el Kelt non loin de Jéricho.

FAMILLE DES CYPRINODONTIDÆ

Genre CYPRINODON

1° CYPRINODON CYPRIS GÜNTHER

Pl. X, fig. 3.

Lebias Cypris, HECKEL, *Fische Syriens*, p. 140, tab. XIX, fig. 1.
Cyprinodon Cypris, GÜNTHER, *Proceedings of the Zoological Society of London*, 1864, p. 400. — *Catalogue of the Fishes in the British Museum*, vol. VI, p. 304.

D. $\frac{2}{9}$. A. $\frac{2}{8}$. V. $\frac{1}{4}$. P. 14.

Ligne latérale, 28.

La longueur de la tête égale sa hauteur, elle est moindre que la hauteur du corps ; elle est contenue trois fois et quart dans la longueur totale, sans la caudale, et quatre fois, la caudale comprise. Sur quelques individus, la hauteur du corps est presque égale à la moitié de la longueur. La bouche est petite; lorsqu'elle s'ouvre elle est fortement protractile, n'étant retenue au crâne que par une partie membraneuse qui peut se replier sur elle-même; elle est placée à la hauteur de l'œil, et lorsqu'elle est fermée, la commissure est presque perpendiculaire à l'axe du corps par suite du relèvement du bord maxillaire inférieur. Les dents sont divisées en trois pointes à la couronne; la pointe médiane est notablement plus longue que les latérales. La mâchoire supérieure porte douze dents, l'inférieure 16. Les dents sont hyalines, non teintées. L'œil, assez grand, est placé plus près de l'extrémité du museau que du bord operculaire. La joue et l'opercule sont régulièrement couverts d'écailles. La dorsale, à extrémité arrondie, prend son origine un peu en avant de l'anale; celle-ci commence au niveau d'une verticale passant à peu près au milieu de la dorsale. La ventrale est très petite; la pectorale arrondie se termine au niveau de l'origine de la ventrale. La caudale est terminée par un bord convexe. Les écailles latérales, grandes à la partie antérieure du corps, diminuent à mesure qu'on s'approche de la caudale; là, elles sont très petites. Examinées à la loupe, la plupart de ces écailles, surtout celles du dos, présentent de fines granulations pigmentaires noirâtres. Quelques gros points noirs jetés irrégulièrement sur le corps font ressortir vivement la couleur argentine de l'animal.

La plus grande longueur qu'atteigne cette petite espèce est 5 centimètres.

L'animal vivant présente une couleur argentine superbe rehaussée encore par des points brillants placés irrégulièrement sur certaines parties du corps. Après un séjour de quelques semaines dans l'alcool, elle prend une teinte jaunâtre semblable à la patine de l'argent légèrement oxydé. Les femelles ont les nageoires entièrement argentées, tandis que chez les mâles ces organes sont maculés de taches noirâtres. La grande hauteur du corps permet de reconnaître facilement cette espèce.

HABITAT. — Cette forme a été décrite pour la première fois sur des échantillons rapportés de Mossoul. Je l'ai trouvée dans le Jourdain près du gué des Pèlerins, dans les eaux transparentes du Wady Kelt, près de Jéricho, et en très grande quantité dans les lacs de Damas, le Baret el Hidjanèh, le Baret el Ateibèh, ainsi que dans les ruisseaux et les canaux de cette plaine marécageuse. Le révérend Tristram, qui a si bien étudié la Syrie au point de vue zoologique, la signale encore[1] dans la fontaine qui se trouve à l'extrémité orientale de la petite ville de Naplouse, à Aïn Feshkah, source chaude et saumâtre, sur la rive occidentale de la mer Morte, et dans le fleuve Jabbok, qui parcourt le Waddy Zerka et se jette à l'est, dans le Jourdain, à mi-distance entre la mer Morte et le lac de Tibériade. M. Tristram pense que le poisson de ce torrent est peut-être une espèce différente du *C. Cypris*.

2° CYPRINODON DISPAR, RÜPPEL

Cyprinodon dispar, RÜPPEL, *Atlas zu der Reise im Nordlichen Africa*, 1826, p. 66 et pl. 18, fig. 1 et 2.
GÜNTHER, *Catalogue of the Fishes, in the British Museum*, vol. VI, p. 303.

D. 9. A. 10. V. 7. P. 16,
Ligne latérale, 26.

La longueur de la tête est égale à la hauteur du corps ; elle est contenue trois fois à trois fois et demie dans la longueur totale, sans la caudale; la tête est large, le museau obtus. Le diamètre de l'orbite qui égale la longueur du museau est un peu plus grand que la moitié de la largeur interorbitaire. La dorsale et l'anale sont plus longue chez les mâles que chez les femelles. Chez le mâle, l'origine de la nageoire dorsale est placée au milieu de la distance qui sépare le préopercule de la caudale, et correspond à la onzième écaille de la ligne latérale. Chez les femelles, la dorsale est située plus en arrière et son origine est à moitié de la distance qui sépare l'ouverture des ouïes de la racine de la caudale, et correspond aussi à la onzième écaille de la ligne latérale. La caudale est tronquée carrément. L'extrémité de la pectorale atteint la base de la ventrale. La mâchoire inférieure est aussi longue que l'œil. La nageoire caudale est rayée par deux bandes noirâtres formant croissant. Le corps

[1] Tristram, *Land of Israel*, London 1876, p. 153 et 250.

n'est pas sillonné par des bandes argentées, mais couvert seulement d'un réseau irrégulier, très marqué surtout pendant la jeunesse.

Cyprinodon dispar.

Les dents sont trifides, la pointe du milieu dépasse très légèrement les latérales. Les dents sont translucides, fortement courbées en dedans, au nombre de douze à chaque mâchoire. Les inférieures sont notablement plus fortes et plus longues que celles de la mâchoire supérieure. Les gencives sont couvertes de points noirs.

Le *Cyprinodon dispar* a une couleur d'un gris argenté, verdâtre sur le dos, très argentée sur le ventre. Des points pigmentaires d'un noir très intense sont semés irrégulièrement sur le dos, les flancs, le ventre et souvent même sur les nageoires.

La longueur totale, y compris la caudale, est à peine de 5 centimètres.

Habitat. — M. Rüppel, le célèbre voyageur de Francfort, a découvert cette espèce sur les bords de la mer Rouge, dans plusieurs sources chaudes et salées, notamment dans celle de Hadjer Elme dont la température est de 26 1/2 Réaumur (33° 12), près de Tor, sur la côte ouest de la péninusule Sinaïtique.

M. Tristram l'a trouvée dans une source salée, près d'Usdoum, sur le rivage occidental de la mer Morte et dans plusieurs autres localités de la même région. Pendant l'expédition du duc de Luynes, ce poisson a été pêché par M. Louis Lartet dans une source salée, près de Djebel Usdoum. Les échantillons rapportés par ce savant mai, déterminés à Paris, ont été probablement, par suite d'une erreur, nommés *Cyprinodon Moseas*, Cuvier et Valenciennes, *Cyp. Hammonis* et *Cyp. lunatus*, Ehrenberg. Ils proviennent probablement de la même source où ont été pris ceux de M. Tristram et appartiennent très certainement au *Cyprinodon dispar*, Rüppel.

En 1875, j'ai trouvé ce poisson dans une source salée, près du Nahr el Kelt, dans la vallée du Ghor, près de l'extrémité nord de la mer Morte, et, en 1882, le frère Liévin de Hamme m'en a envoyé de nombreux échantillons, pris dans une source salée et sulfureuse Ain es-Sghair, près de Jéricho; on la trouve aussi à Ain Mellâhah, près du lac de Houlèh.

Observations. — Cette gracieuse petite espèce qui ferait un charmant poisson d'aquarium est ovovivipare. A certaines époques de l'année, l'ovaire unique de la femelle est gonflé par des œufs qui subissent tout leur développement dans l'intérieur de l'organe. La fécondation est donc interne; mais y a-t-il accouplement? c'est ce que les voyageurs ne nous ont point encore appris. La fécondation chez cette espèce se fait peut-être par un mécanisme tout à fait particulier, car l'examen des organes génitaux me fait penser qu'un véritable accouplement est chose absolument impossible.

Cet intéressant *Cyprinodon* vit presque toujours, ainsi que plusieurs espèces voisines, dans les sources fortement salées. Le Révérend Tristram raconte qu'à la base du Wady Zouweirah, non loin de Jabel Usdoum, la petite plaine située entre les collines et le rivage est couverte de *Salicornia fruticosa* croissant dans un marécage alimenté par d'innombrables sources salées suintant à travers une vase épaisse et formant plusieurs mares peu profondes animées par des myriades de *Cyprinodon* minuscules. M. Tristram put les prendre avec son mouchoir, et pendant cette pêche aucun de ces petits poissons n'essaya de descendre le fil de l'eau jusqu'à la mer. Pendant la nuit, une demi-douzaine furent mis dans un vase rempli de l'eau salée de la source, et un nombre égal, dans un autre récipient renfermant de l'eau de la mer Morte. Le lendemain, les premiers étaient tous très vivants, tandis que tous ceux qui étaient plongés dans l'eau du lac étaient sans vie, le ventre en l'air. Dans ces mares, il y avait d'innombrables fourmilières de larves de moustiques qui servent de pâture aux Cyprinodons.

M. Louis Lartet a remarqué que cette lagune alimentée par la source chaude et salée était souvent inondée par l'eau de mer; aussi, quoique la composition et la densité de l'eau de cette lagune se rapprochent beaucoup de celles de la mer Morte, les Cyprinodons ne paraissent nullement affectés par la grande salure de ces eaux. « Après avoir recueilli des poissons, dit M. Lartet, nous les transportâmes dans une cuvette remplie de l'eau de la lagune. Ayant placé ensuite près de cette cuvette un autre vase d'une eau puisée à la surface de la mer Morte, nous pûmes ainsi constater qu'en faisant passer successivement chaque poisson de la première cuvette dans la seconde, ils perdaient tous la vie après une immersion de quelques instants. L'eau de la lagune a pu être analysée par M. Terreil; le chlorure de sodium s'y trouve en une proportion plus considérable, relativement à celle du chlorure de magnésium, que dans les eaux de la mer Morte, et c'est sans doute grâce au peu d'abondance de ce dernier sel dans l'eau de la lagune, que les poissons peuvent y vivre. En effet, à l'embouchure du Wadi Mojeb, les Cyprinodons s'avancent assez loin dans la mer jusqu'au point où la densité est déjà de 1.1150 et où les eaux renferment une forte proportion de brome, ce qui prouve bien que la mort de ces animaux n'est pas due seulement à la présence de cette substance[1]. »

[1] Louis LARTET, Salure de l'eau de la mer Morte, in *Bulletin de la Société Géologique de France*, t. XXII, p. 719.

Des faits analogues se passent au lac Van dans la haute Arménie. Au moment de la fonte des neiges, une nappe d'eau douce, moins dense, s'étend sur une grande partie du lac. Des myriades de poissons nagent alors à la surface jusqu'à ce que les phénomènes de la diffusion, ayant rendu ces eaux saumâtres, fassent périr ces animaux par milliers et forcent les survivants à se retirer dans les cours d'eau du rivage.

Lorsqu'on voit nager dans les sources salées et chaudes de la Syrie les fourmilières serrées des petits *Cyprinodon*, on ne peut s'empêcher de penser aux magnifiques plaques du calcaire tertiaire d'Aix en Provence, portant souvent, sur quelques décimètres carrés, des centaines d'empreintes d'une espèce similaire, le *Lebias cephalotes* d'Agassiz, ou à celles provenant du calcaire crétacé de Hakel, dans le Liban, présentant aussi des myriades du petit *Clupea minima*, Agassiz.

Ces poissons minuscules des époques passées ont dû vivre dans des conditions analogues à celles où se trouvent actuellement les Cyprinodons, c'est-à-dire dans des sources, des lagunes fortement chargées de matières salines en dissolution. Les bassins habités par ces espèces ayant été brusquement envahis par des eaux chargées de principes toxiques, ont laissé déposer en immenses quantités les cadavres des poissons qui ont été fossilisés rapidement entre les couches minérales formées dans ces eaux sursaturées.

Ainsi peuvent se comprendre l'abondance excessive de ces fossiles et l'admirable conservation qu'ils présentent le plus ordinairement.

Je me permettrai de rappeler ici que le *Lebias cephalotes* d'Aix en Provence est une espèce très voisine du *Cyprinodon dispar*. Cuvier, peut-être avec raison, avait conservé le nom de *Lebias* pour les *Cyprinodon* actuellement vivants. Le *Lebias cephalotes*, est bien positivement un vrai *Cyprinodon*, très voisins de plusieurs formes actuellement répandues dans les sources chaudes et salées de l'Asie occidentale et du nord de l'Afrique.

3° CYPRINODON SOPHIÆ, Heckel

Lebias Sophiæ, Heckel, *Fische Syriens*, p. 165 et Atlas, pl. XXII, fig. 2.
Cyprinodon Sophiæ, Günther, *Catalogue of the Fishes*, vol. VI, p. 304.

D. 11-12. A. 10-12 V. 6
Ligne latérale, 26; ligne transversale, 7.

La hauteur du corps est contenue trois fois et demie, la longueur de la tête est trois fois et un tiers dans la longueur totale, sans la caudale; museau très obtus, tronqué, la mâchoire inférieure étant dirigée verticalement en avant. Le diamètre de l'œil est plus grand que la longueur du museau, et égal à un tiers de la longueur de la tête, et pas beaucoup moindre que la largeur de l'espace inter-orbitaire. La dorsale et l'anale, de grandeur moyenne, sont cependant plus hautes chez les mâles que chez les femelles. Chez les mâles, aussi bien que chez les femelles l'origine de la dorsale est placée au milieu de la distance qui sépare l'origine de la caudale et l'œil ; elle correspond à la onzième écaille de la ligne latérale; elle est immédiatement en arrière de la verticale passant à l'origine de la ventrale, laquelle est légèrement plus rapprochée de l'extrémité du museau que de la base de la caudale. Le premier rayon de l'anal est au-dessous du quatrième de la dorsale. La mâchoire inférieure est à peu près aussi longue que le diamètre de l'œil.

Le mâle est d'un brun verdâtre foncé avec des raies argentées sur la portion caudale du tronc. Les nageoires sont noires, la dorsale et l'anale présentent c séries obliques de points noirs.

La femelle et les jeunes sont d'un brun verdâtre plus pâle avec de nombreuses rayures argentées, verticales sur les flancs. Les nageoires sont transparentes et incolores.

La longueur des adultes est environ de un pouce et un quart (Günther, *op. cit.*).

Habitat. — Une source voisine d'Ain Feshkhah, sur la rive nord-ouest de la mer morte; les petits ruisseaux qui se jettent dans la mer Morte ; les sources chaudes et salées, près de Djebel Usdoum à l'extrémité sud de cette mer.

Les échantillons types, décrits pour la première fois par M. Heckel, provenaient d'une source saline située non loin des ruines de Persepolis.

FAMILLE DES MURENIDÆ

Genre ANGUILLA

ANGUILLA VULGARIS, Günther

Anguilla vulgaris, Günther, *Catalogue of the Fishes*, vol. VIII, p. 00.
Anguilla microptera, Kaup, *Apod.*, p. 32. — Tristram, *Land of Israel*, p. 00.

La longueur de la tête est contenue une fois et demie ou une fois et un tiers dans la distance qui sépare l'ouverture des ouïes de l'origine de la nageoire dorsale, et deux fois et un tiers ou deux fois et deux tiers de ce même point jusqu'à l'orifice anal. La distance qui sépare les origines des nageoires dorsale et anale est aussi grande ou un peu plus grande que la longueur de la tête.

La mâchoire inférieure est proéminente. L'angle de la bouche est placé au-dessous de l'œil. Celui-ci est peu considérable ; son diamètre est plus petit que la longueur du museau. Les dents maxillaires sont d'égale grandeur et fines. La queue est grande, plus longue que le corps.

HABITAT. — M. Janowski a trouvé cette espèce dans le Nahr el-Arab, près de Lattaquièh ; M. Chantre l'a pêchée dans le lac d'Antioche, où elle est commune. M. Blanche me l'a envoyée du Nahr Bashas, près de Tripoli. Je l'ai prise moi-même dans la partie inférieure du Nahr Ibrahim (Adonis) et du Nahr el Kelb (Lycus). M. Tristram l'a pêchée dans le petit fleuve Kishon, près de Haifa.

NOM ARABE. — L'anguille se nomme en arabe *Anklis*, qui est évidemment le nom français arabisé (M. Blanche).

OBSERVATIONS. — L'anguille de Syrie et de la Palestine m'a paru, après l'examen de très nombreux échantillons, être absolument la même que celle de nos pays. La seule différence que je puis signaler est que très souvent la nageoire dorsale présente sur le vivant une coloration jaune très prononcée.

Cette espèce atteint dans le lac d'Antioche de très grandes dimensions, il n'est point rare d'en pêcher qui ont plus de 1 m. 50 de longueur.

A mon grand étonnement, je n'ai jamais trouvé l'anguille dans le lac de Tibériade ou dans le Jourdain.

Les Arabes ne mangent que très rarement ces poissons qui leur répugnent à cause de leurs formes de serpents.

POISSONS DE SYRIE

RECUEILLIS

PAR M. ERNEST CHANTRE

EN 1881

PENDANT SA MISSION SCIENTIFIQUE EN MÉSOPOTAMIE, DANS L'ARMÉNIE ET LE KURDISTAN

Ces espèces ont été déterminés par M. Sauvage qui en a donné la liste suivante dans le *Bulletin de la Société philomatique de Paris*, année 1881-1882, vol. VI, p. 163.

1° *Mastacembelus Aleppensis*, Bl. — Le Tigre, à Diarbekir.

2° *Clarias Orontis*, Günther. — L'Oronte, à Hammah.

3° *Clarias Syriacus*, Cuv. et Val. — En Syrie. Sans localité. Rapporté pour la première fois par le botaniste Bové.

4° *Hypselobagrus Aleppensis*, C. V. — Le canal de l'Oronte à Antioche. Lac d'Anioche.

5° *Capoeta umbla*, Heckel. — L'Euphrate, à Biredjik.

6° *Barbus xanthopterus*, Heckel. — L'Euphrate, à Biredjik.

7° *Barbus barbulus*, Heckel. — L'Oronte, à Hammah ; le canal de l'Oronte à Antioche.

8° *Barbus Kersin*, Heckel. — L'Oronte, à Hammah.

9° *Barbus Lorteti*, Sauvage. — Lac d'Antioche ; le canal de l'Oronte à Antioche.

10° *Barbus grypus*, Heckel. — L'Euphrate, à Biredjik.

11° *Labeobarbus Chantrei*, Sauvage. — Hammah ; lac d'Antioche ; canal de l'Oronte à Antioche.

12° *Labeobarbus Orontis*, Sauvage. — Le canal de l'Oronte à Antioche.

13° *Labeobarbus Euphrati*, Sauvage. — L'Euphrate, à Biredjik.

14° *Barynotus luteus*, Heckel. — Alep ; le canal de l'Oronte à Antioche.

15° *Barynotus albus*, Heckel. — Le lac sacré d'Abraham, à Orfa.

16° *Discognatus variabilis*, Heckel. — L'Oronte, à Hommah ; lac d'Antioche ; le Nahr el Kuek à Alep.

17° *Cyprinion macrostomus*, Heckel. — Le Nahr el Kuek, à Alep.

18° *Squalius turcicus*, Fill. — L'Oronte, à Hommah ; lac d'Antioche, canal de l'Oronte à Antioche.

19° *Alburnus Sellal*, Heckel. — Le Nahr el Kuek, à Alep ; l'Oronte, à Hammah.

20° *Alburnus pallidus*, Heckel. — Le Nahr el Kuek, à Alep.

21° *Alburnus Orontis*, Sauvage. — L'Oronte, à Hammah.

22° *Chondrostoma regium* Heckel. — L'Oronte, à Hammah ; lac sacré d'Abraham, à Orfa.

23° *Nemachilus argyrogramma*, Heckel. — L'Euphrate, à Biredjik.

24° *Anguilla vulgaris*, Turt. — Lac d'Antioche.

REPTILES

Je donne ici une simple liste des reptiles rencontrés pendant mes voyages en Syrie, avec l'indication exacte des localités où ils ont été trouvés, et quelques observations sur certaines espèces intéressantes.

1. OPHIDIA

1° *Typhlops Syriacus*, Jan. — Pl. XIX, fig. 1. — Tête petite, non distincte du corps ; celui-ci cylindrique, la queue conique très acuminée et faiblement recourbée. La partie antérieure du corps a un diamètre moindre que la partie postérieure. Plaque rostrale, haute, légèrement infléchie de chaque côté au niveau des narines percées dans la plaque nasale. Œil petit, rond, élevé ; la plaque oculaire forme un petit rebord au-dessus de l'œil. Mâchoire supérieure proéminente ; l'extrémité de la mâchoire inférieure est au-dessous et en arrière des narines. Les écailles petites et lisses, plus larges que longues ; celles de la première moitié du corps sont hexagonales, les autres carrées avec le côté postérieur arrondi. Il y a vingt-trois rangées longitudinales et environ quatre cent vingt transversales. L'extrémité de la queue est enfermée dans une squame terminale et spiniforme. Une teinte fauve recouvre tout le corps, le dos est un peu plus foncé.

Habitat. — Cet animal vermiforme n'est point rare en Syrie. Je l'ai trouvé entre Haïfa et Nazareth, et à Tibériade. Il vit le jour sous les pierres, et semble fuir la lumière. C'est probablement un animal nocture. J'ai pu m'assurer par l'examen des matières renfermées dans son estomac qu'il ne se nourrit que de vers et de très petits insectes. M. Chantre l'a rapporté de Merdj Rhian, près d'Orfa.

2° *Eryx Jaculus*, Daud. — Lattakièh, sous les pierres. Jaunâtre assez clair avec des taches brunes. Cet animal, rampe avec une grande rapidité, aussi est-il fort difficile à atteindre; il se nourrit de vers et de coléoptères.

3° *Micrelaps Mülleri*, Boëttger. — Pl. XIX. fig. 2. — Tête à peine distincte du corps, large et plate; bout du museau arrondi, corps cylindrique, queue courte et conique. La bouche est grande, les narines latérales percées dans la plaque nasale. La plaque rostrale est trapézoïdale; la première paire internasale presque carrée; la seconde paire rectangulaire. Pas de préoculaires proprement dites, une post-oculaire. Les plaques interoculaires sont carrées et très petites. Les troisième et quatrième sus-labiales limitent le bord inférieur de l'œil qui est très petit et à pupille ronde. Il y a sept sus-labiales et sept sous-labiales. Les écailles sont petites et lisses, les rangées longitudinales sont au nombre de 15. Gastrogènes 256+1 anale double. Urostèges 32 sur 2 rangs. Le corps dans sa longueur est annelé par des taches blanches et noires, ces dernières plus larges. Longueur totale, 408 mm; longueur de la tête, 9 mm; longueur du tronc, 362 mm; de la queue, 37 mm.

Habitat. — Cette jolie petite espèce se voit assez fréquemment dans les environs de Lattakièh. M. Boëttger la signale à Jérusalem.

4° *Rhynchocalamus melanocephalus*, Jan. — J'ai trouvé cette charmante espèce au-dessus de Jéricho, sous les pierres où elle est fort commune. Les cigognes en détruisent une grande quantité comme j'ai pu m'en assurer en 1875. Je l'ai rapporté des environs de Lattakièh et des bords du lac de Tibériade, en 1880.

Vivant, l'animal est d'un beau jaune citrin très clair. Dans l'alcool, il prend rapidement la teinte du vieil ivoire. Sur le vivant, la tache n'est point noire, comme l'indique son nom, mais d'un bleu superbe avec un éclat métallique très prononcé. Dans l'alcool, la tête devient noire.

5° *Homalosoma coronella*, Jan. — Pl. XIX, fig. 3. — Museau arrondi; tête petite, bordée en arrière par un collier rouge brun entourant complètement le cou; cette tache large en dessus, étroite en dessous, limite les gastrogènes. Tronc subcylindrique offrant presque le même diamètre dans toute sa longueur. La queue, très courte, petite, est terminée en pointe; narines latérales, petites, percées au milieu de la plaque nasale. Une préoculaire, une post-oculaire. Yeux protégés par les interoculaires formant bourrelet. Écailles losangiques sur le dos, presque carrées sur les flancs. Une coloration brun jaunâtre assez foncée, recouvre le dos. Des taches d'un rouge brun disséminées irrégulièrement sur le dos et sur les flancs. Les plaques abdominales sont toutes marquées par deux ou trois points brun clair. Il y a une large tache sous l'œil. Les écailles sont disposées sur dix-sept rangées longitudinales; 123 gastrogènes, plus une anale double; 124 urostèges sur deux rangs. La longueur totale est de 238 mm; de la tête, 12 mm; du tronc, 29 mm; de la queue, 36 mm.

Habitat. — J'ai trouvé cette espèce à Hasbeya, au milieu des rochers du Grand Hermon et dans les environs de Tyr.

Cet animal habite sous les pierres et rampe avec une très grande agilité.

6° *Eirenis collaris*, Jan. — Entre le Nahr el Kebir et la mer, près de Lattakièh; *(Var. inornata)* entre Antioche et Alep, à Dana (M. Chantre); *(Var. decemlineata)* au bord du lac de Tibériade; à Hanaouèh, près de Tyr.

Ce serpent vit au milieu des hautes herbes dans les endroits humides.

7° *Eirenis Rothii*, Jan. — Sous les pierres, à Sidon. Ce petit serpent, d'un jaune citron, présente sur le dos des reflets bleuâtres, qui disparaissent rapidement après l'immersion dans l'alcool.

8° *Zamenis viridiflavus*, Latr. — Cette grande et belle espèce qui atteint une taille considérable est assez commune en Syrie.

Je l'ai rapportée de Tibériade, de Hanaouèh, près de Tyr, et de Beyrouth. Je l'ai vue en grande quantité sur les flancs herbeux du mont Tabor. Elle se nourrit de reptiles, de petits mammifères et d'oiseaux qu'elle sait très bien aller chercher dans les nids comme j'ai pu le voir moi-même au mont Tabor. Sur un *Zizyphus spina-Christi*, j'ai surpris un grand individu de cette espèce en train de dévorer les jeunes *Passer Salicicola* encore dans les nids. C'est pour se mettre à l'abri de cet ennemi redoutable que cet intelligent moineau se construit une habitation sphérique avec une ouverture inférieure par laquelle les serpents ont beaucoup de difficultés à pénétrer.

A Tyr et à Tibériade, j'ai trouvé de très gros individus de cette espèce qui présentaient une couleur *feuille de tabac* très prononcée, uniforme, mais légèrement plus pâle dans la région abdominale.

9° *Zamenis carbonarius*, Bonap. — Cette espèce, très commune en Syrie, atteint aussi des dimensions considérables et fait des morsures profondes, lorsqu'on veut s'en emparer. Je l'ai trouvée aux bords du lac Houlèh, à Beyrouth et au lac de Tibériade. En Syrie, surtout dans les endroits chauds, sa coloration devient d'un noir intense.

10° *Zamenis Dahlii*, Fitz. Pl. XIX fig. 4. — Tête étroite et longue; yeux grands, à pupilles rondes. Une bande noire, au-dessus des sus-labiales, entoure le museau et se termine en arrière de la bouche. Un collier noir cerclé d'une bande jaune en arrière de la tête. Corps subcylindrique, légèrement renflé vers le milieu de l'abdomen; queue longue et fine. Narines latérales percées entre les deux plaques nasales. Deux plaques préoculaires, la supérieure grande, l'inférieure très petite; deux plaques post-oculaires, l'inférieure très longue; la quatrième et la cinquième sus-labiales forment le bord inférieur de l'œil. Il y a huit sus-labiales et dix sous-labiales. Les écailles petites et lisses sont disposées de la manière suivante : 19 séries longitudinales ; 211 gastrogènes et anale double ; 107 urostèges sur deux rangs.

Le dos est d'un gris fortement bleuté sur le vivant, marqué de taches noires bordées de jaune. Ces taches ne dépassent pas le tiers antérieur du tronc. La longueur du corps est de 805^{mm} ; celle de la tête 18^{mm} ; celle du tronc 546^{mm} de la queue 241^{mm}.

Cette jolie espèce habite les endroits humides au milieu des herbes et des broussailles. Elle se nourrit de vers et d'insectes. Je l'ai rencontrée à Beyrouth, le long du Nahr Beyrouth, et à Lattakièh, près des cours d'eau.

11° *Trepidonotus tesselatus*, Laur. — Cette espèce qui atteint, en Syrie, une taille considérable est d'un gris verdâtre maculé de taches noires. Elle vit dans les chardons et les grandes herbes. Sa nourriture consiste surtout en petits mammifères. Je l'ai trouvée près de Lattakièh, sur les bords du Nahr el Kabir ; dans les jardins à Sidon et à Tibériade, où elle est très commune dans la plaine marécageuse de Gennézareth.

12° *Periops algira*, Jan. — Lattakièh, sur les bords du Nahr el Kebir.

13° *Periops paralellus*, Geoffroy Saint-Hilaire. — Au bord du Nahr Beyrouth ; à Sidon, dans les jardins et la nécropole.

14° *Periops neglectus*, Jan. Dans les roseaux, aux bords du lac Birket es Ram, l'ancien lac Phiala, aux pied de l'Hermon, à 1.020 mètres d'altitude.

Ce serpent se nourrit surtout de grenouilles très nombreuses dans cette localité.

15° *Cœlopeltis insignitus*, Geoff. St.-Hil. — Tibériade ; dans la plaine de Gennézareth et au Wady Semak, sur la rive orientale du lac de Tibériade ; lac de Houlèh.

Ce serpent qui atteint de très grandes dimensions est d'un brun verdâtre sur le dos, et d'un jaune rosé clair dans la région abdominale.

16° *Psammophis moniliger*, Daud. — Dans les brousailles à Tibériade ; sur un olivier, près des réservoirs de Salomon, non loin de Beithlehem. Cet animal se nourrit de petits mammifères et de jeunes oiseaux dont il s'empare en se cachant au milieu du feuillage.

17° *Tarbophis vivax*, Fitz. — Cette jolie espèce d'un gris bleuâtre, maculée de noir, se rencontre fréquemment à Tibériade, sous les pierres. Elle ne paraît sortir de ses retraites que vers le soir et se nourrit surtout de lézards.

18° *Vipera euphratica*, Mart. — Cette grande espèce très venimeuse se rencontre surtout dans les sables, au milieu des touffes d'herbes, où elle guette les petits mammifères.

Environs d'Alep (M. Chantre). Je l'ai trouvée près de Jéricho.

19° *Echis arenicola.* Bois. — J'ai pris cette espèce très venimeuse sur un arbre, dans les fourrés au bord du Jourdain, en face de Jéricho.

2° LACERTILIA

1° *Amphisbæna cinerea*, Vand. — Assez commun sous les pierres, à Lattakièh et à Tibériade.

2° *Lacerta viridis*, Laur. — Assez rare en Syrie; Grand Hermon, Rascheya, Alep (M. Chantre).

3° *Lacerta muralis*, Laur. — Sidon, Tyr, Hanaouèh, lac Houlèh.

4° *Lacerta Taurica*, Pallas. — Sidon, Tyr, Lattakièh, Tripoli, au bord du Nahr Kadischa.

5° *Lacerta stirpium*, Daud. — Sidon, Tyr, Hanaouèh, Safed, Saint-Jean d'Acre.

6° *Ophiops elegans*, Menet. — Lattakièh, Sidon.

7° *Acanthodactylus scutellatus*, D. et B. — Beyrouth.

8° *Eremias guttulata*, D. et B. — Beyrouth.

9° *Pseudopus Pallasii*, Cuv. Lattakièh où cette espèce devient énorme. Nous en avons qui ont plus de 1 m. 50 de longueur et qui ont la grosseur de l'avant-bras. Cet animal déploie une force extraordinaire, lorsqu'on le saisit, et mord avec violence.

10° *Euprepes Savignii*, D. et.B. — Lattakièh.

11° *Euprepes septemtæniatus*, Reuss. — Sidon, Lattakièh.

12° *Plestiodon pavimentatus*, Geoff. — Alep (M. Chantre).

13° *Plestiodon Aldrovandii*, Dum. et B. — Lattakhièh, Sidon.

14° *Seps ocellatus*, Forsk. — Sidon, Tyr, Nazareth, Lattakièh, Tibériade, Safed, Hounin, Banias.

15° *Gymnodactylus scaber*, D. et B. — Lattakièh.

16° *Hemidactylus verruculatus*, Cuv. — Lattakièh, Sidon, Banias, Ain el-Moundawara, près de Tibériade.

17° *Platydactylus* Sp. — Bords du lac de Tibériade.

18° *Agama mutabilis*, D. — Ba'albek, lac Houlèh, Dimas près de Damas; Orfa (M. Chantre).

19° *Stellio vulgaris*, Latr. — Partout très abondant, depuis le golfe d'Alexandrette jusqu'à Jaffa et sur les bords de la mer Morte. Se tient sur les rochers et fréquemment sur les troncs des gros arbres.

20° *Chameleo vulgaris*, Daud. — Très commun dans toute la Syrie, mais surtout dans la vallée du Jourdain. Dans la plaine de Gennézareth, près de Tibériade, il atteint une très grande taille.

3° CHELONIA

1° *Testudo mauritanica* (*Ibera*, Pallas). — M. Chantre a rapporté cette espèce de la Crimée et de toutes les régions chaudes du Caucase, de Tiflis, d'Érivan, de Bayazid, des rives du lac Van. Je l'ai trouvée à Smyrne, au cap Chelidonia, à Adalia, à Pompéiopolis, à Mersina et à Alexandrette, en Asie Mineure. Je l'ai vue dans toute la Syrie, depuis Alexandrette jusqu'à Port-Saïd, à Alep, Homs, Hamah (Chantre), Palmyre; dans toutes les plaines cultivées et dans les déserts des environs de Damas, dans la Cælesyrie, à Ba'albek, dans le Liban et l'anti-Liban, sur le grand Hermon, dans la vallée du Jourdain, sur les bords du lac de Tibériade dans le Hauran, le Djaulan, le pays de Moab.

En Syrie, elle ne dépasse pas à l'ouest la mer Morte et Hébron; elle ne se voit ni en Égypte, ni dans la Delta, ni dans le petit Désert. Dans ces contrées, elle est remplacée par le *Testudo Kleinmanni*, Lortet, qui en diffère à tous les points de vue.

Les *Testudo Græca* et *T. marginata* manquent absolument en Syrie.

2° *Testudo Kleinmanni*, Lortet. — (Monographie inédite des espèces du genre *Testudo* du bassin de la Méditerranée.)

Pas de Tubercules postérieurs aux cuisses. Diamètre transverso-postérieur, chez l'adulte, de 7 1/2 cent.; diamètre transverso-antérieur de 6 1/2 cent.; longueur maxima de la carapace de 10 cent. Carapace très bombée surtout à la réunion du tiers postérieur avec les deux tiers antérieurs. Plaques marginales étalées, presque horizontales chez l'adulte, presque verticales dans la jeunesse. Plaque nuchale petite, aiguë. Plaque sus-caudale rhomboïdale, formant en arrière un angle fortement prononcé dépassant sensiblement les plaques marginales. Cette plaque est ordinairement indivise, mais chez un certain nombre d'individus elle présente une trace de suture comme chez le *T. Græca*. Plaques marginales 11; plaques médianes, 7, en comptant la nuchale et la caudale; plaques latérales, 4 de chaque côté.

Surface inférieure du corps d'un jaune très clair, citrin verdâtre, ne portant jamais que deux taches brunâtres sur les deux plaques médianes du sternum. Plastron très épais en avant, terminée par une pointe échancrée sur la ligne médiane. Chaque extrémité de cette échancrure est elle-même légèrement bifide. Partie postérieure du plastron fortement échancrée, très mobile chez la femelle, tandis que, chez le mâle, elle est tout à fait appliquée sur les bords de la carapace, tout en jouissant d'une mobilité infiniment moindre.

Carapace d'un jaune bistré très clair, verdâtre, ainsi que les ongles; écailles régulièrement cerclées d'un noir brunâtre intense. Les pattes sont d'un jaune clair.

Les œufs ne sont pas sphériques, mais allongés, bilobés, à extrémités presque égales, longs de 30 millim., larges de 23 millim. Ils sont d'un blanc fortement rosé.

Habitat. — Dans les vitrines du Muséum de Paris, cette espèce très caractérisée était étiquetée *T. Marginata* sur un seul exemplaire rapporté d'Égypte par Lefebvre. Elle se trouve en très grande quantité dans les sables de la basse Égypte, surtout dans les environs d'Alexandrie. Elle m'a été envoyée en immense quantité par M. Kleinmann. On la trouve depuis l'Égypte jusqu'en Syrie, entre Ismaïlia et el Arisch, dans toute la région connue sous le nom de Petit-Désert (M. Barbey). Je l'ai rencontrée aussi dans les environs d'Hébron et à Béerseba, à l'entrée nord du désert Sinaïtique.

2° *Emys Caspica*, Schweig. — Dans tous les cours d'eau de la Syrie. Très commune depuis le golfe d'Alexandrettre jusqu'à Hébron. Elle pullulle dans toutes les rivières et les mares de la vallée du Jourdain et des rives du lac de Tibériade où elle atteint de grandes dimensions. Je l'ai trouvée aussi à Smyrne, et M. Chantre l'a rencontrée depuis Alep jusqu'au lac Van.

4° *Cistudo Europæa*, Gray. — Rare en Syrie. Je ne l'ai aperçue que dans le lac de Tibériade où elle atteint de grandes dimensions.

5° *Trionyx Ægyptiacus*, Geoffr. — Abondant à Biredjik, dans l'Euphrate (M. Chantre). Cet animal apparaît surtout en automne; au printemps, au contraire, il est fort rare.

6° *Thalassochelys cauana*, Schweig. — Assez fréquent sur les côtes rocheuses de la Syrie où on les voit arracher au milieu des récifs, les algues marines. J'en ai rapporté de très gros individus de l'embouchure du Nahr el Kelb, du cap Ras el Abiad, près de Tyr et de la côte voisine. A la suite d'un violent orage, j'en ai vu plusieurs centaines échouées sur la plage qui s'étend entre Saint-Jean-d'Acre et Haifa. Les plus grands individus que j'ai pris à Tyr étaient accouplés sur le sable, ils mesurent 1 m. 30 de longueur.

4° AMPHIBIA

1° *Bufo pantherinus*, Boie. — Par myriades dans un petit ruisseau entre Safed et Deichoun, au-dessus du lac Houlèh. Très commun à Antioche (M. Chantre).

2° *Rana esculenta*, L. — Beyrouth, près du fleuve; Sidon dans les Jardins. Lac de Tibériade; Antioche (M. Chantre); le lac Birket es Ram (Phiala).

3° *Hyla arborea*, L. — Très commune dans la plaine d'Esdrelon, sur les grands chardons; au pied du mont Tabor; à Jéricho.

CRUSTACÉS

1° *Theicphusa fluviatilis*, Latr. — Tous les cours d'eau de la Syrie depuis Alexandrette jusqu'à Jaffa. Atteint de grandes dimensions dans le lac de Tibériade, le lac Houlèh et les lacs de Damas, d'Homs et d'Antioche. A Damas, cet animal est vendu sur le marché.

Orchestia Tiberiadis, Lortet. — Antennes supérieures très courtes, de moyenne grosseur, non subulées; pattes de la première paire, petites et non chélifères; celles de la seconde paire, au contraire, grandes et terminées par une main dont l'angle antéro-inférieur est ovale, en forme de lobe chez le mâle, et dont l'ongle est très

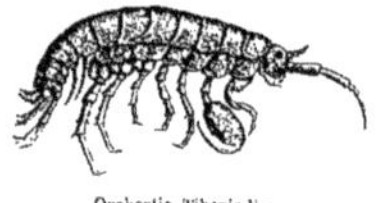

Orchestia Tiberiadis.

long, très aigu et sans tubercules sur son bord interne. Chez la femelle, cette seconde paire de pattes est semblable à la troisième paire. Pattes des cinquième, sixième et septième paires assez grandes, pourvues d'un article basilaire formant un très petit écusson divisé en deux parties par une gorge assez sensible. Le second et le troisième anneau de l'abdomen armés de grandes épines ventrales sur leur bord postérieur. Pas de tubercules sur la région dorsale. Longueur, 9 à 10 millim.

Habitat. — Cette espèce, d'un blanc rosé, se trouve en très grand nombre sur les rivages du lac de Tibériade, au milieu des graviers humides de la grève. Ces petits animaux, très agiles, font des sauts prodigieux, aussi a-t-on les plus grandes difficultés à le prendre, car dès qu'ils sont retombés sur le sol, ils disparaissent très rapidement entre les pierres.

LISTE

DES

DIATOMÉES DU LAC DE TIBÉRIADE

PAR

M. PETIT

PLACOCHROMATICÉES

Cocconeis Pediculus, EH.
— *Placentula*, EH.
Achnanthidium delicatulum, KTZ.
Gomphonema capitatum, EH.
— *affine*, KTZ.
Amphora ovalis, KTZ (abondant).
Epithemia Sorex, KTZ.
— *Argus*, KTZ.
— *Musculus*, KTZ.
— *Zebra*, EH.
— *gibba*, KTZ.
Cymbella, turgida, GREG.
Cocconema lanceolatum, EH.
Navicula alpestris, GRUN.
— *firma*, KTZ, var. *Scoliopleuroides*, P.-P.
— *limosa*, GRUN.
— *menisculus*, SCHUM.
— *Reinhardti*, GRUN. (var. *Vernalis*, DONK.)
— *Scutelloïdes*, W. SM.
Navicula Trochus, EH. (var. *Shumanniana*), GRUN., *Synop.*, VAN HEURCK.
— *viridis*, EH.
Stauroneis dilatata, W. SM.
Pleurosigma attenuatum, W. SM. (abondant).
Hantzschia (Nitzschia) amphioxys (W. SM.). GRUN.
Tryblionella angustata, W. SM.
Surirella biseriata, BRÉB.
— *elegans*, AD. SCH. (tab. 21, f. 18, atlas).
— *striatula*, TURP.
Campylodiscus Echeneis, EH. (*C. cribrosus* W. SM.).
— *spiralis*, W. SM.
Cymatopleura Solea, W. SM.
— *elliptica*, BRÉB.
— *Bruni*, NOV. SP.
Synedra danica, KTZ. (*S. Ulna* var.).
Staurosira construens, EH. (var. *binodis*).
— *mutabilis*, W. SM.

Cymatopleura Bruni, Sp. Nov. — Cymatopleura largement elliptique, ayant en moyenne 131 μ de longueur sur 105 μ de largeur, à sommets très faiblement acuminés. La surface de la valve présente trois ondulations, visibles seulement à la lumière fortement oblique. Le bord est fort étroit et finement strié; la marge est munie de côtes courtes au nombre de 4 dans 10 μ. Il n'existe pas de striation régulière, mais la surface de la valve est comme chagrinée et couvertes de petites aspérités irrégulières. (Pl. XXIII, 61.)

Cette espèce a été trouvée également, il y a peu de temps, dans le lac de Genève par M. le professeur Brun, auquel elle est dédiée. Elle se rapproche du *Surirella Crumena*, Bréb., et peut-être aussi du *Surirella ovum*, Naeg. Cette dernière espèce, décrite d'une manière imparfaite dans le *Species Algarum*, Ketz, p. 889, sans figure, diffère beaucoup pour les dimensions ; elle n'a, en effet, que 75 à 90 μ de longueur.

COCCOCHROMATICÉES

Fragilaria brevistriata, Grun. *(Synopsis Van Heurck)* plusieurs formes.
Terpsinoe musica, Eh. (trouvé une fois par M. Schlumberger).
Gallionella granulata, Fritch.
— *arenaria*, Moore.

DESMIDIÉES DES VASES DU LAC DE TIBÉRIADE

PAR

M. BRUN

Scenodesmus quadricauda, Ralfs.
Desmidium aptogenum, Bréb.
Polyedrum trigonum, Naeg.
Pediastrum simplex Meyen *(fauna)* Pl. XXIII, fig. 58, 59, 60.

D'après M. Brun, on trouve encore dans les vases profondes du lac des spicules d'éponges, et de nombreux grains de fécules faciles à reconnaître à la lumière polarisée.

TABLE ANALYTIQUE

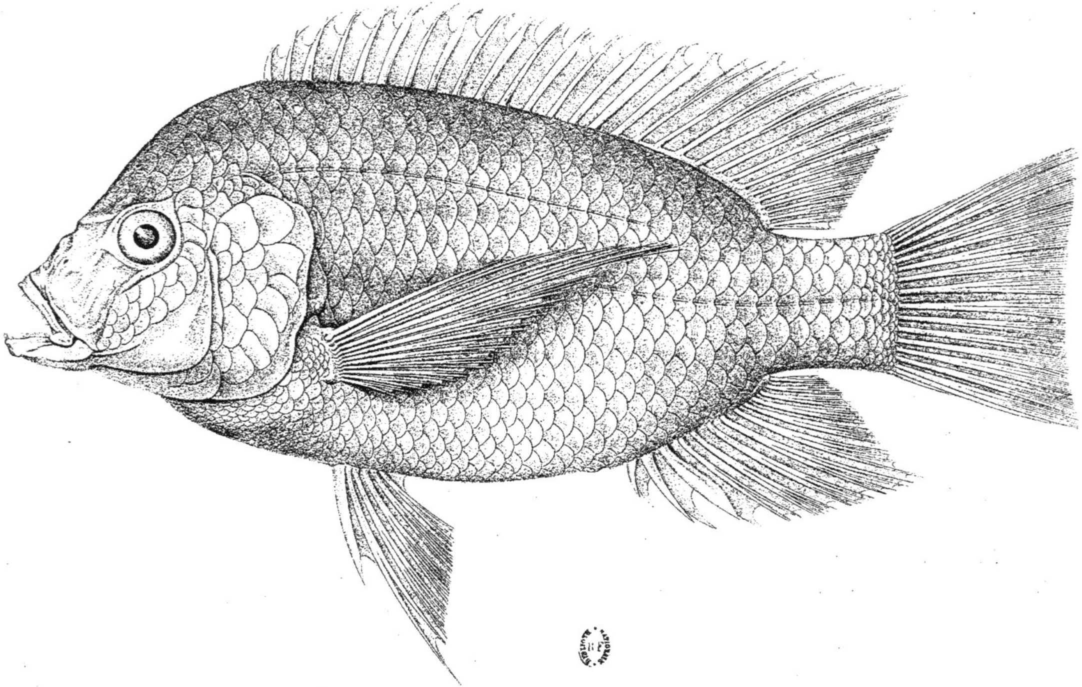

Imp. Becquet, Paris

Chromis Tiberiadis (Lortet)

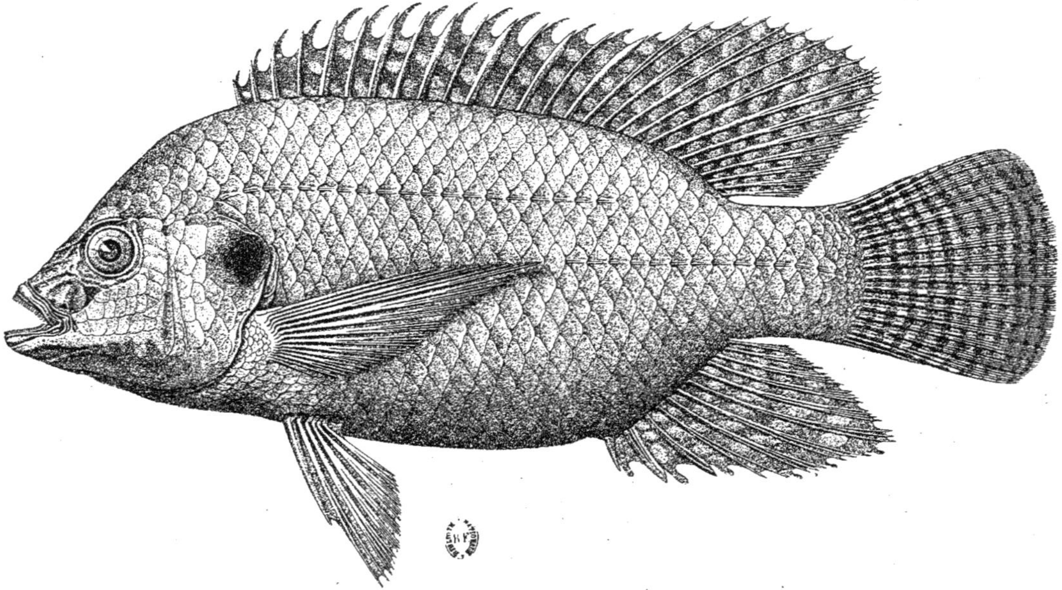

L. Gauthier del. et lith.

Imp. A. Roux, Lyon

L. Lortet, Direxit.

Chromis Niloticus, (Hasselquist)

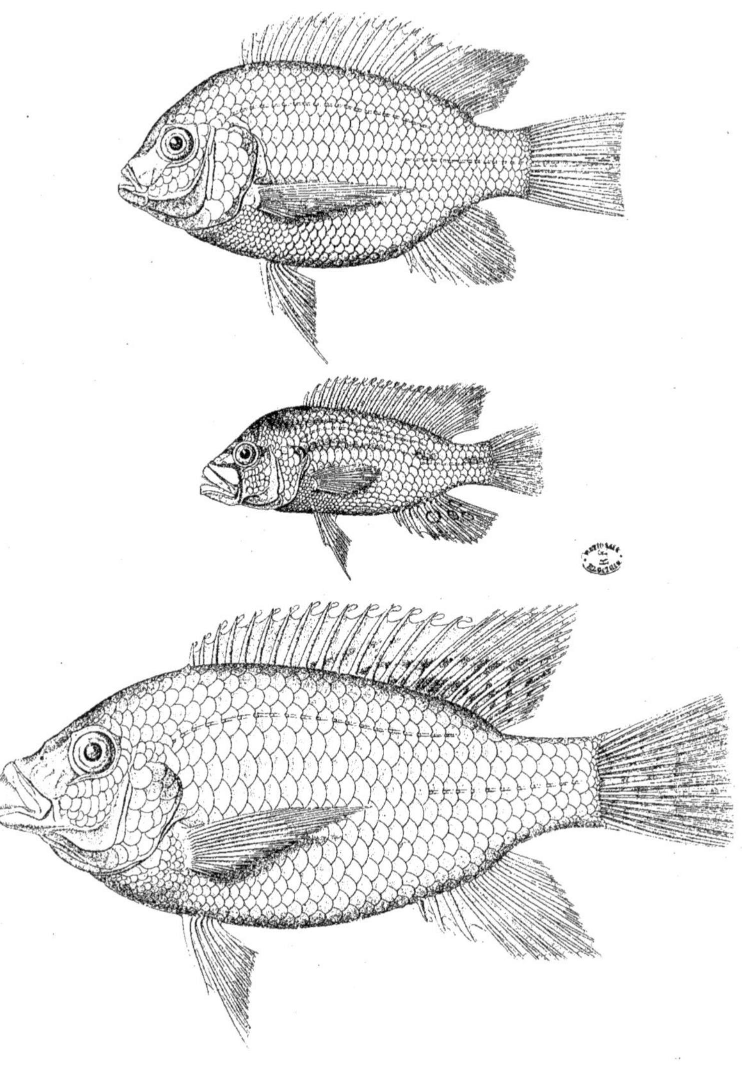

L. Lortet, Direxit

1. Chromis microstomus, (Lortet) _ 2. Chromis Flavii-Josephi, (Lortet)
3. Chromis Andreæ, (Günther)

1

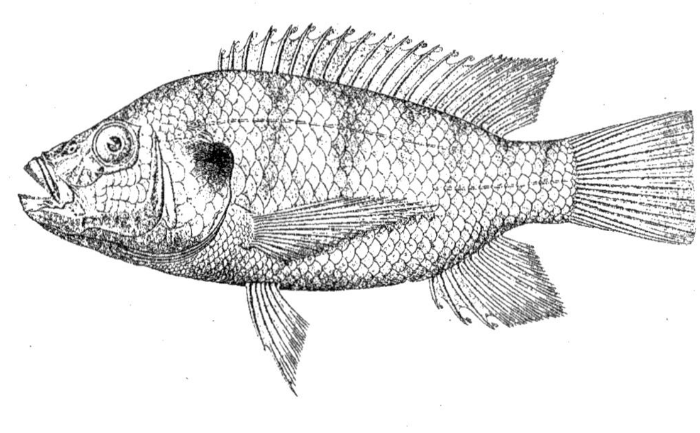

2

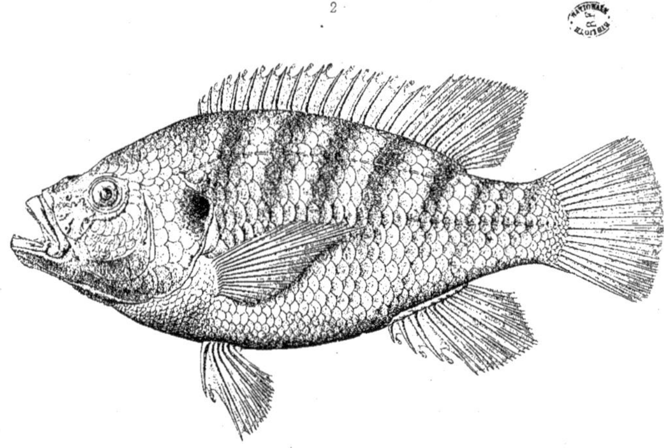

L. Gauthier del & lith. Imp. Becquet r. des Noyers 37. L. Lortet Direxit

1. Chromis Simonis (Günther). 2. Chromis Magdalenae (Lortet)

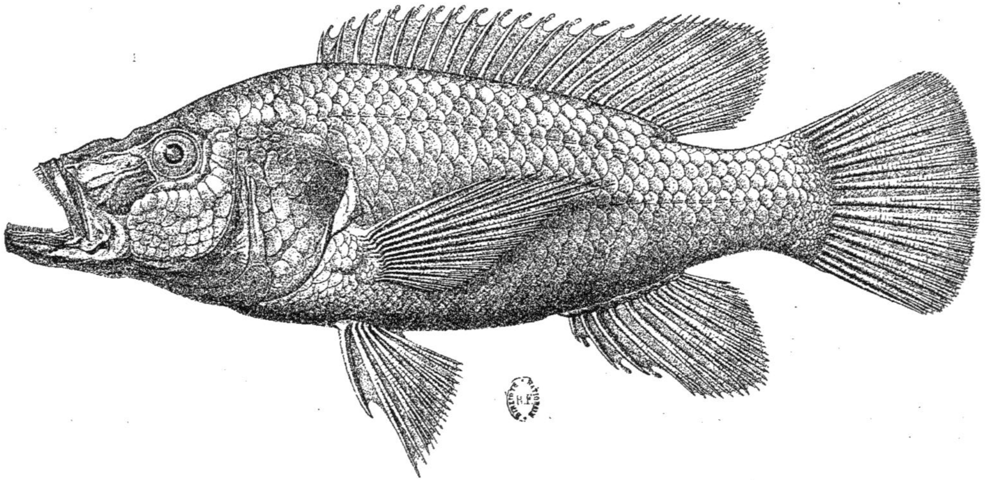

L. Gauthier del. et lith. Imp. A. Roux, Lyon. L. Lortet, Direxit.

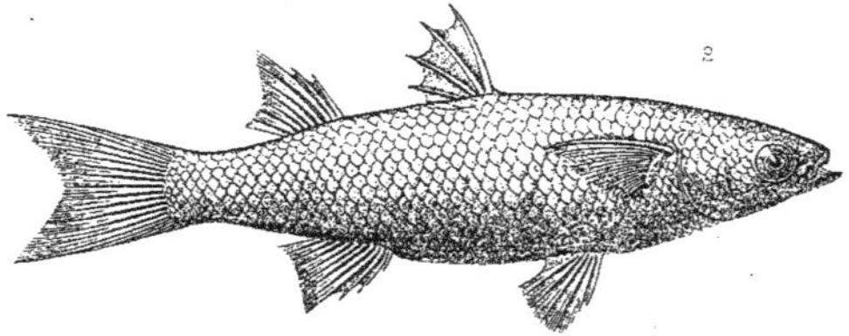

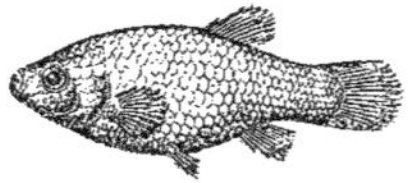

1_Hemichromis sacra, (Günther) 2_Mugil capito, (Cuvier)
3_Cyprinodon cypris, (Heckel)

L. Gauthier del & lith.

Imp. Becquet r. des Noyers, 37

L. Lortet Direxit.

1 . Mugil curtus (Cuvier).
2 . Mugil octoradiatus (Gray).
3 . Mugil auratus (Cuvier).
4 . Phoxinellus Libani (Lortet).

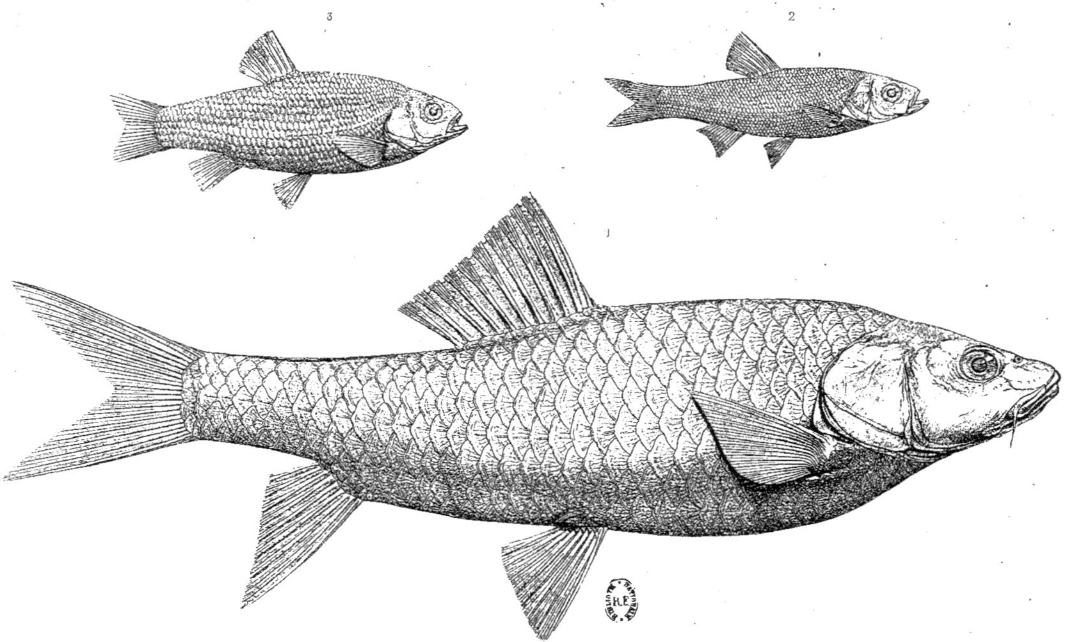

3

2

1

L. Gauthier del. & lith. Imp. Becquet r. des Noyers, 37. L. Lortet Direxit.

1. Barbus canis (Cuvier). 2. Leuciscus tricolor (Lortet).
3. Rhodeus Syriacus (Lortet).

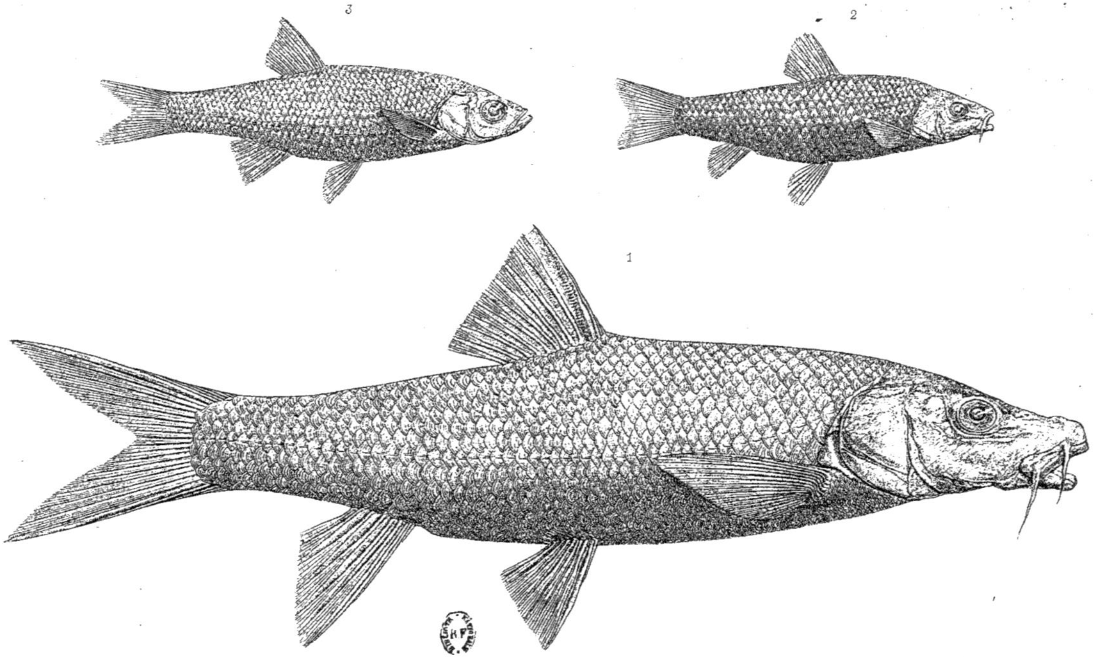

3

2

1

L. Gauthier del. & lith. Imp. Becquet r. des Noyers, 37. L. Lortet Direxit.

1. Barbus longiceps (Cuvier). 2. Capoeta Sauvagei (Lortet).
3. Leuciscus lepidus (Heckel).

L. Gauthier del. & lith. Imp. Becquet r. des Noyers, 37 L. Lortet Direxit

Capoeta Syriaca (Günther)

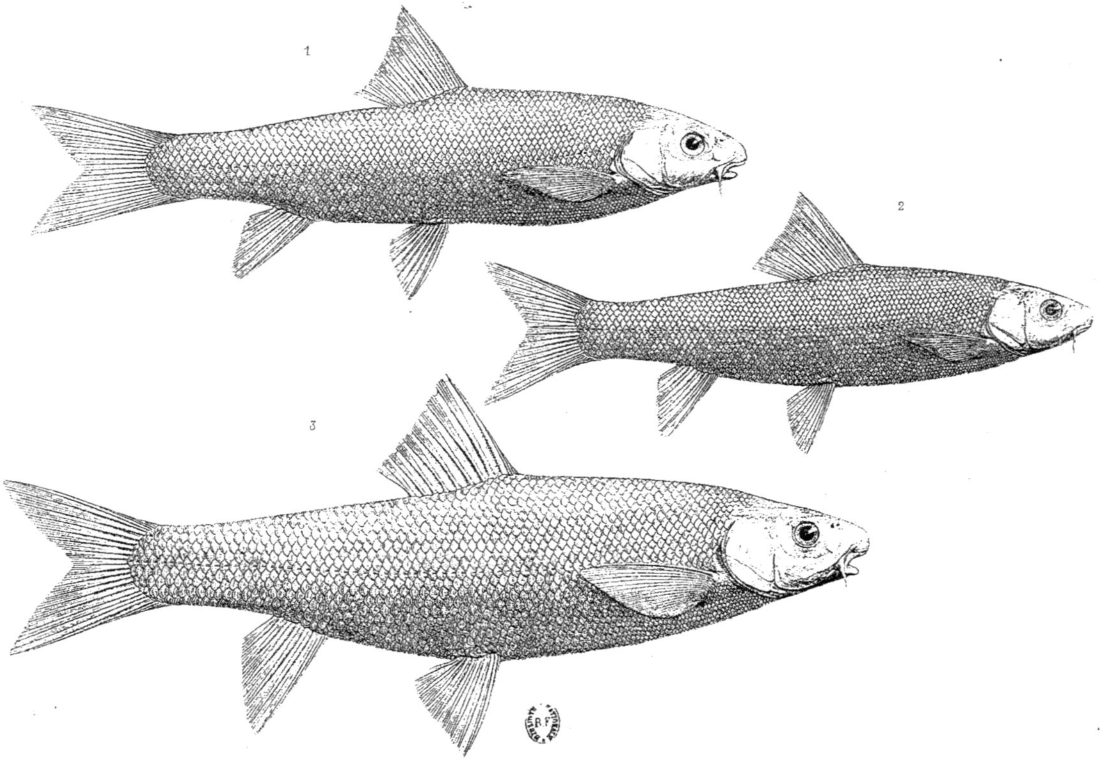

1

2

3

L. Gauthier del. & lith. Imp. Becquet r. des Noyers. 37. L. Lortet Direxit.

1. Capoeta fratercula (Heckel). 2. Capoeta amir (Heckel)
3. Capoeta socialis (Heckel)

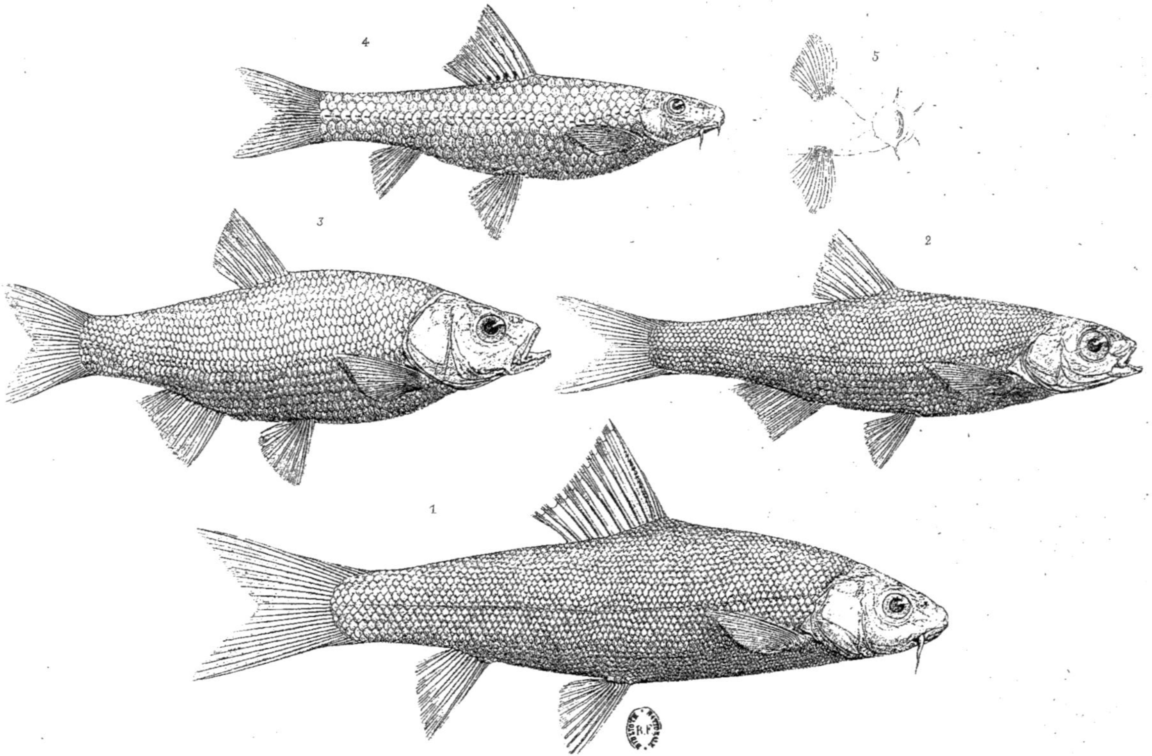

4

5

3

2

1

L. Gauthier del & lith.

Imp. Becquet r. des Noyers, 37.

L. Lortet Direxit.

1. Capoeta Damascina (Cuvier)
2. Alburnus sellal (Heckel)
3. Alburnus Vignoni (Lortet)
4 _ 5. Discognathus lamta (Günther)

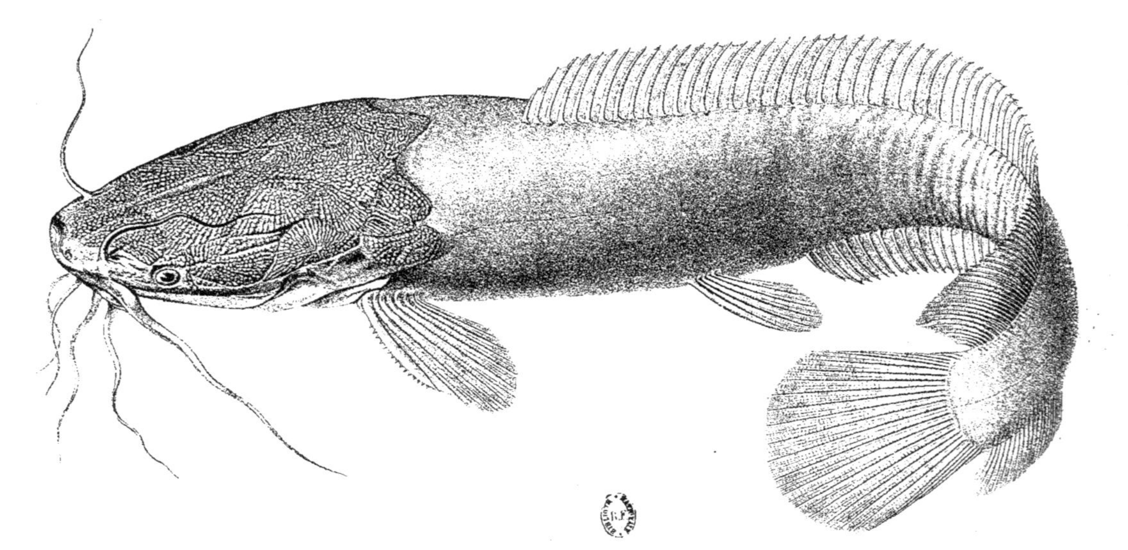

L. Gauthier del. et lith. Imp. Becquet r. des Noyers 37. L. Lortet Direxit.

Clarias macracanthus (Gunther)

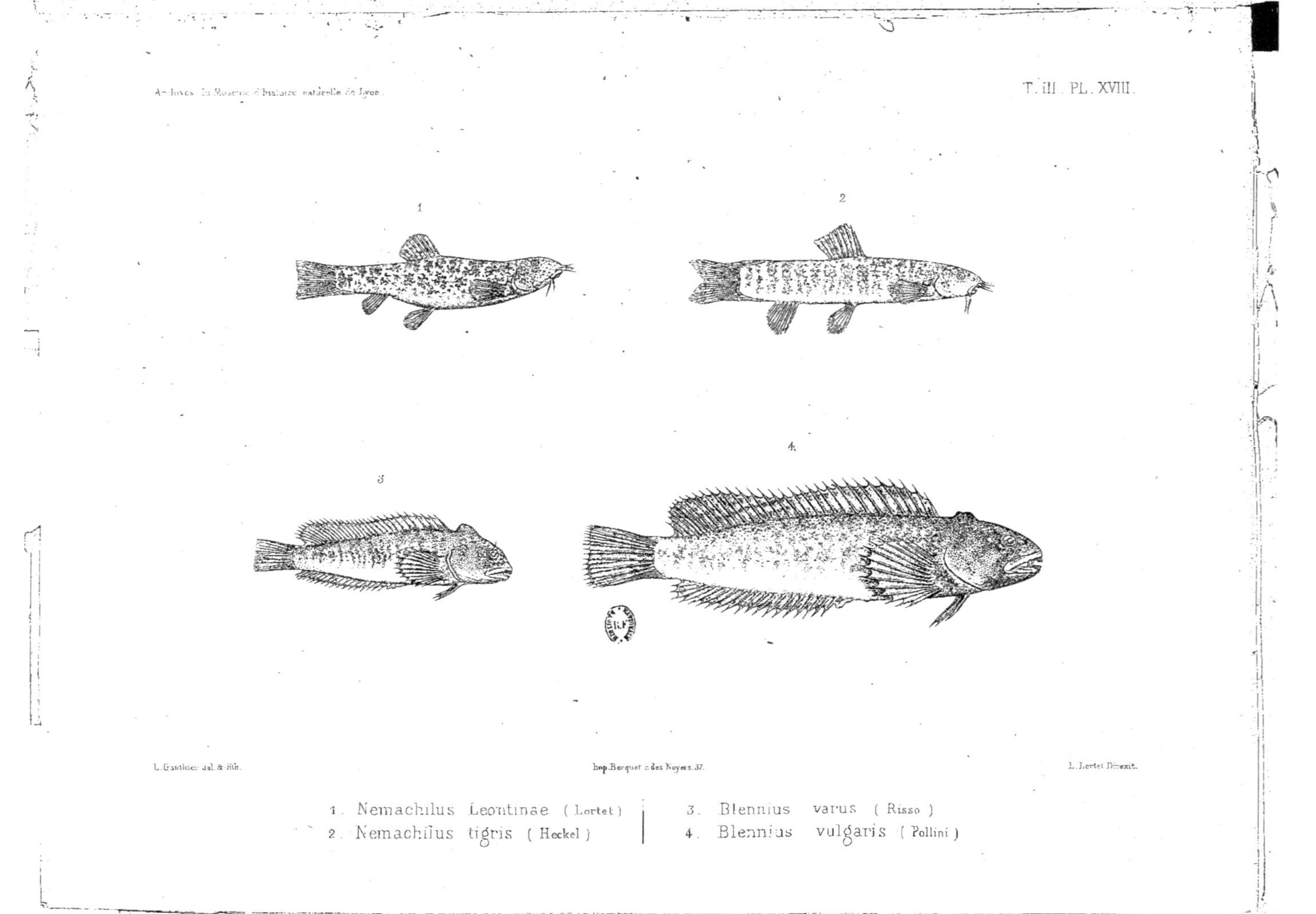

L. Gauthier del. & lith. Imp. Becquet r. des Noyers, 37. L. Lortet Direxit.

1. Nemachilus Leontinae (Lortet)
2. Nemachilus tigris (Heckel)
3. Blennius varus (Risso)
4. Blennius vulgaris (Pollini)

1
3
4
2

L. Gauthier del. et lith.

Imp. Becquet r. des Noyers, 37.

1. Typhlops Syriacus (Jan)
2. Micrelaps Mulleri (Böttger)
3. Homalosoma coronella var. (Schlegel)
4. Zamenis Dahlii (Fitzinger)

LYON. — IMPRIMERIE PITRAT AINÉ, 4, RUE GENTIL.

www.ingramcontent.com/pod-product-compliance
Ingram Content Group UK Ltd.
Pitfield, Milton Keynes, MK11 3LW, UK
UKHW020234220726
13923UKWH00002B/647

9 782019 231248